林卫辉 著

Meishi miao ren

美食妙人

SPM 南方传媒 | 花城出版社

中国·广州

图书在版编目（CIP）数据

美食妙人 / 林卫辉著. -- 广州 : 花城出版社, 2024.1
ISBN 978-7-5360-7112-4

Ⅰ. ①美… Ⅱ. ①林… Ⅲ. ①饮食—文化—中国 Ⅳ. ①TS971.2

中国国家版本馆CIP数据核字(2023)第130807号

出 版 人：张 懿
责任编辑：欧阳蘅
责任校对：汤 迪
技术编辑：凌春梅
特邀摄影：何文安
封面设计：张年乔

书　　名　美食妙人
MEISHI MIAOREN
出版发行　花城出版社
（广州市环市东路水荫路 11 号）
经　　销　全国新华书店
印　　刷　深圳市福圣印刷有限公司
（深圳市龙华区龙华街道龙苑大道联华工业区）
开　　本　787 毫米 × 1092 毫米　16 开
印　　张　15
字　　数　175,000 字
版　　次　2024 年 1 月第 1 版　2024 年 1 月第 1 次印刷
定　　价　88.00 元

代序：林卫辉饮食写作的维度与境界

周松芳

从2021年5月推出《吃的江湖》以来，林卫辉先生已连续推出了六本饮食著作，加上这本《美食妙人》和花城出版社的另一本《风味岭南》，以及更多进入编辑程序的新书，卫辉兄将在未来较长一段时间内，基本上都能保证每年出版两本以上的饮食研究与普及著作，所以我称其为岭南饮食写作第一人，以及将来必然的中国饮食写作第一人，绝无阿谀奉承的成分，因为无论传统饮食文献还是当下饮食实践，无论饮食的科学理论还是现代的烹饪成果，他的积累储存实在是太丰富了，诚可谓厚积薄发，且发之有方，故绵绵不绝，煞是好看，境界日高。具体而言，可以从维度之广与境界之高两个方面来做初步总结和概括。

维度之广首先表现在研究和写作领域的拓宽。虽然有人吹嘘在下的岭南饮食文化史研究，且先不说我的研究有多深广，而是前此几乎没人认真从事过。但随着林卫辉的横空出世，我须立即退避三舍，因为差距立马凸显出来了——比较而言，他的研究写作领域太宽广了，古今中外，几乎是无所不写、无所不能写。这除了学识深厚，还有就是阅历或者说食历广泛——从豪门盛宴到苍蝇馆子，无不乐于尝试，各有体会。他写粤菜，写故乡的潮州菜，也写川菜、浙菜等各大菜系，还及于海外各国的风味。这种全景式的饮食写作，其实也是对岭南饮食文化的弘扬——毕竟他是"岭南胃"，吃什么都忘不了跟广东菜加以比较，有比较才有鉴别，有鉴别才不会乡愿自嗨。所以，他夸广东菜可以夸到人们心坎里去，批评广东菜，也可以让读者特别是大厨们如醍醐灌顶！

卫辉兄的饮食写作，既跨地域，也跨时代。比如说他新近展开的"苏东坡与美食"的专题，既横跨大半个中国，也纵贯古今。兼之苏东坡是一个非常重要的善于创制的平民美食家，而且其诸多创制，往往与其特定的身世背景与地域环境有关，且表现于诗文中又别有深衷寄托。因此，在这种时空穿梭之下，需要进入古人的心灵，才能有恰切地表现，则不仅需要多学科的知识，更需要高超的篇章驾驭能力和文字表达水准。试想想，多少名家写过苏轼饮食诗文的研究文章？南京大学莫砺锋教授还在顶级学刊《文学遗产》发表过相关论文。这在我这个古代文学专业出身的人，也是不敢碰的，林卫辉先生却娓娓道来：以时空为序，以饮食为经，以诗文为纬，既表时空背景，复归饮食故事，再道诗文隐旨，真是活色生香，委曲动人。所以广西师大出版社便再次捷足先登，约得书稿。与此同时，他又由点及面，大写中国历代豪宴故事，既从一个侧面写出了中国饮食的发展，更从中见出中国社会历史与文化的另一面——这种写法，洵为大手笔。

维度之广的另一体现就是科学的方法。因为科学的方法，很多别人寻常难以问津的领域被卫辉兄开拓出来，即使萝卜白菜也写得丰富多彩，有如他的书名《咸鱼白菜也好味》。这也可分两个层面：其一是人文社会科学的方法。卫辉兄讲究论从史出、言必有征，文献难征时，还请我帮帮忙，以确保不予人口实；毕竟是法学博士，自谓写文章，也像律师做辩护，不敢有漏洞。这种科学的方法，从实质上改变了传统的印象式、感官式写作，也更能赢得读者的信任，令人读罢，诚觉有如老吏断狱，深深为之折服。这是卫兄作品能够畅销长销的一个基石，同时也是对岭南饮食文化的特别贡献——使“食在广州”获得更深广的认可。我曾经在南方日报开专栏谈地域文化建设，第一篇就《地域文化的地域桎梏》。如何突破，学术是最佳的方法，只要你是以学术方法为底色的，就--定能突破地域桎梏。否则政府给你一笔钱，帮你把书印出来，送送人，最后送到纸浆厂重新化浆，那真是灾梨祸枣了。其二，还是科学的方法，不过专指其科学的方法之中最难能可贵的现代自然科学的方法，当然也是更为重要的方法。这不仅堪称卫辉的独门秘籍，更重要的是改变了传统饮食写作的路径，是一种新的开拓和创变。客观地说，懂得现代饮食科学原理的，应该大有人在，卫辉的饮食科学素养就是向这些科学家们学来的嘛。但他们毕竟只是科学家，能把这种科学的文学，深入浅出，雅俗共赏地运用到当下的饮食写作中来，卫辉兄应该算得上海内第一人。这里面，最精彩的篇章之一是《广州酒家民国粤菜宴背后的科学》，文章雄辩地指出，“食在广州”之所以得名，正在于粤菜师傅们技近于“道”——他们长期试验而得的烹饪技艺，正合于现代饮食烹饪的科学原理，广州酒家之所以能够复刻民国粤菜宴，也正在于此。

维度之广的第三个方面其实也堪称最重要的方面，是卫辉兄把饮食科学的时尚与传统饮食味道的完美结合，这在《吃对了吗》中已有体现，更集中体现当属《吃得健康》。随着人民生活水平的提高，以及营养学和烹饪科学的发展，我们越来越知道什么能吃或不能吃，什么烹饪法有益或有害，但因此常常有“因噎废食”之感——总不能为了健康废了美味啊！有鉴于此，卫辉兄挺身而出，挺立潮头，以其深厚广博的学识和对美味烹饪的热诚与践履，对如何将美味与健康完美结合做了大量的探索，并将在书中做完美的呈现，最是值得期待。

至于境界之高，前述扎实的文献功底与科学的方法所共同呈现的对于饮食写作领域的开拓，已可谓臻于境界，而文采风流、雅（科学原理）俗（饮食实践）共赏，更是卫辉兄独臻的高境。言之无文，行而不远。在这方面，卫辉兄的技艺诚可以碾压大多数中文系写手，包括区区在下。而最能体现其碾压中文系技艺的，当属即将由花城出版社出版的这本《美食妙人》了。我可以负责任地说，从来没有任何一个作者，这么集中地描写了一批饮食从业人物，写得这么栩栩如生，写得这么惟妙惟肖，篇篇都堪称优秀的传记文章，其中有的是一定能够传世的。这不仅是对“食在广州”的重要贡献，也是对中国饮食文化的重要贡献。

开篇写厨圣大董，从粤菜中最常见的糖醋排骨写起，然而菜名却是“独钓寒江雪”，而且菜品的形象与品位却又恰如其分；这种先声（色）夺人的写法，有如绘画中山势平地拔起，简直让人震撼。这还没有写最招牌的“大董烤鸭”呢！写厨神蔡昊，却是从“不好”的第一印象说起，因为当时卫辉兄正与人合伙开餐厅，通过中间人请蔡昊提提意见，结果却被“一棍子打死”——后来餐厅果然倒闭，才服了行。友直、友谅、友多闻，“典型引路”，因着这种直谅多闻之性情与能力，后面写其由凡入圣，成为厨神，就能令人信服了。

写厨界明星冯永彪，更写出了近十年来广州餐饮业整体上新的发展与进步。因为冯永彪先经过了最老资格也最能表证“食在广州”的广州酒家的基础训练，然后又经过推动与时俱进的港式粤菜代表利苑酒家的升级历练；此际冯担任位于珠江新城的君悦酒店的行政副总厨，从某种意义上也代表了“食在广州”的发展新方向。

俗话说画鬼容易画人难，鬼是什么样，谁都说不清；而人，写出血肉性情，即便散文大家，也不容易。写饮食人物，当然更不容易，如果你非常熟悉的人物，他也能写得让你觉得好，那是最不容易的。这一众人物里边，容吴卉棠容太是我相对熟悉的，我就觉得写容太写得最好。用通俗的话说，就是写绝了，雅一点就是写得绝妙，最合书名“美食妙人”之旨。

容太在书中第一次出场，是在别人的篇章里，通过彪师傅引出来：“认识冯永彪师傅，大约在七年前，还是刁嘴容太介绍，那时彪师傅还在富力君悦酒店当行政副总厨，他的上司是一个外国人。容太如发现外星人般兴奋，说广州厨界的明日之星就是他了。为了让大家长见识，她请大家在君悦酒店中餐厅吃饭。那时广州星级酒店餐厅给大家的印象，就是又贵又不好吃。……彪师傅对刁嘴容太极为尊重，每次见容太，都把腰微微下弯，要是放在万恶的旧社会，直接就改为下跪磕头三鞠躬了。他称容太为伯乐，说容太的很多美食主张，成了他的创作灵感。容太也毫不客气，对他指手画脚，评头品足。有一次在朋友圈见到彪师傅与她极讨厌的人在一起，容太大呼‘阿彪变坏了’。彪师傅利用假期到外地采风，容太说彪师傅的问题是‘看得太多，花多眼乱’，彪师傅听后只是呵呵一笑，也不辩解。我跟彪师傅说，偏激的容太，在她眼里就没几个‘好人’，创新更是多此一举，最好就一心一意做好传统菜，她的这些观点，一笑而过就好了。”如此“旁敲侧击”、草蛇灰线，让你读完这一段，就一定想知道容太到底是何方神圣，并且会“祈求”作者一定要写容太了。

等到正篇写容太，也是先声夺人之法：“认识容太之前，她的名字已经如雷贯耳。”而容太之所以能赢得广泛尊重乃至敬重，有“厨界伯乐”之名，乃在于“做事认真的容太，认真到近乎偏执，这种极致的追求，也造就了著名的容月、容粽和容腊。她做中秋的月饼，取名‘容月’；端午粽子，取名‘容粽’；冬天的广式腊肉，取名‘容腊’，清一色的纯手工制作。容月、容粽的核心是红豆沙，为了解决少糖又有‘古昔味’，她可是绞尽了脑汁：用柴火煮豆，柴火的香气进入到豆味中，满满的人间烟火气息；人工炒豆，极细腻的手工造就了极细腻的豆蓉，足够小的分子结构，也让淀粉和蛋白分子们更容易结合在一起，从而可以减少用糖；选用特别的豆子，而且保留了豆皮。豆子的香味主要存在于豆皮，而豆皮也带有单宁，这也会带来涩的口感。容月选用了单宁少的豆子，既有豆味，又更润滑。为了解决碱水粽的苦味，一般吃碱水粽时，都会蘸上糖或者蜂蜜，这是因为甜能掩盖苦。容月豆沙碱水粽用豆沙代替了糖，所以不苦，还有豆香；碱水还有涩感，容月豆沙碱水粽加了猪肉肥膘，经六个小时以上的水煮，脂肪充分释放，就抵消了碱水带来的涩。容腊用的是西班牙伊比利亚的猪肉自然生晒，特别的香味，来自于伊比利亚猪肉特有的支链烷类，这些支链烷类则来自于伊比利亚猪所吃的橡果。容太对食材的极致追求，对工艺的固执坚守，造就了一系列容家美味。”虽然最后仍不放弃幽默一把：“这就是真实的容太：时尚又传统，善良又毒舌，认真又马虎，一人分饰两角，活得那么的真实和痛快。”其实正反映了背后的热爱，大有相爱相杀之势，这样文章也才好看。

而写容太这篇，也最能反映出卫辉兄写厨界人物的一个特点，也是其饮食写作的一个共同特点，即文学与科学的完美结合（因为当代人物，没法结合历史文献）。君子远庖厨。印象中从来没有人把厨师写得个个像大人君子，还写成专书的。从这个意义上，这本书是足以载入饮食文化史册的。是啊，饮食文化，核心终究是厨师；美食妙人，也只有他们才最配得上。特别是在经济主导的现代社会，作为社会经济及消费文化的非常重要的一个方面的核心人物，不为他们树碑立传，是我们社会的缺失，也是文化的缺失。从这个意义上讲，卫辉兄善莫大焉，功莫大焉，当然也是其写作境界的一种特别呈现。

当然，卫辉兄饮食写作所达至或者努力达至的最高境界，当属饮食美学的境界。饮食之美，常常被移入文学或政治范畴，如调和鼎鼐形容政治高明；大诗学家司空图说“辨于味而后可以言诗”，更是以味论诗的代表；宋代的大文学家苏东坡，则可谓将文艺美学与烹饪美学相结合的典范。可是，千百年来，人们致力探讨的是以味喻诗、以味言美的喻体之美学，对于饮食烹饪这一本体所蕴含的美学，却一直熟视无睹，乏人问津。有见及此，故我的导师黄天骥先生在《吃对了吗》的序言中，对卫辉兄的努力大加赞赏，特别为序冠名曰《饮食美学与科学的结合》，以表彰他运用科学的原理，把味道何以为美的“所以然”讲清楚了，同时也把现代餐厅菜式配色、装点对于味觉刺激的原理讲清楚了。我想，这不仅对烹饪业的餐饮业有现实的指导作用，对文艺美学借味以喻也会带来新的启示。

尽管如此，卫辉兄的饮食美学探索，或者所臻于的境界，也还得等本书出来，才能开一新面目。毕竟饮食烹饪，皆属人的创造，饮食人物之美，才是最真的美；试想想，东坡肉再美，如果去掉“东坡”二字，则美亦有限。至于待更新的《吃得健康》出来，则又是另一种美的境界——健康之美，也是一种特别的时尚之美。由此可见，卫辉兄的饮食美学探索，道路尚远，也实在广阔得很。

目录

美食掌勺人

美食掌舵人

美食家

美食掌勺人

厨圣大董

第一次到大董吃饭，还是在2008年。北京的好朋友谭兄，用豪车把我接到南新仓店，他是想用他认为北京最高端的餐厅，让来自广东的食客认识北京的美食。那餐饭，印象颇为深刻，十几年过去了，菜品的味道和样式，还依然记得。

前菜有一道糖醋排骨，取名“独钓寒江雪”。糖醋排骨酸甜适中，一下子将味蕾唤醒，洒在排骨和盘子上的糖霜，仿如飘飘白雪；盘子是一块黑色平板石块，仿如一叶孤舟，旁边摆上一位垂钓的笠翁，柳宗元的“孤舟蓑笠翁，独钓寒江雪”的意境，就这样由一道菜形象地表述出来。我感觉筷子夹着的糖醋排骨，也变得凝重起来，尝的不仅仅是排骨，还尝到酸甜苦辣的人生。

那个时候的烤鸭，还叫“大董烤鸭”，还没进阶到现在的5.0版本，但已经好吃到令人兴奋。厚厚的一层鸭皮，酥得如威化饼，那种稍纵即逝的美好，让你吃完一块会迫不及待地再来一块。作为北京菜代表的北京烤鸭，如果说在某著名品牌吃到后给你的印象是“不过如此”，那么，在大董那里吃到后，你会感叹：“原来如此！”

大董的葱烧海参，是我吃过的做得最好的，原本味道寡淡又难入味的海参，在大董店里却神奇地变得醇厚起来。营养丰富的食物，大多因为富含胶原蛋白而显示出糯的质地，我们吃到糯的食物，自然会想到营养丰富。海参做到糯不难，能做到糯且有嚼劲才是精品。些许的嚼劲，让食物的风味逐层释放，食物在口腔中停留的时间更长，如果说酥香的烤鸭那种美好是稍纵即逝，那么糯而有嚼劲的葱烧海参就是缠缠绵绵、卿卿我我。美食就是表现各种美好，而留住美好，忘却伤痛，这样的人生，才仿佛有点意思。

美食圈里提到的“大董”，指的是品牌，至于品牌背后的董振祥先生，大家尊称为“大师傅”。这个“大”，指的不是董振祥先生1米96的高大形象，而是对他作为行业领袖的肯定和尊重。当代的中国餐饮，开启繁荣时代并不长。改革开放才解决温饱问题的人们，对美食的品鉴和追求，则要再迟十年八年。那时的美食，追求的是味道好，还不是真正的“美食”，用“美味”来概括更加贴切，而彼时的大董，已经从味觉、嗅觉、触觉、听觉、视觉全方位演绎美食，这给大多数还没走出国门、欣赏到国外精致美食的人们带来了全新的享受。更难得的是，大董的菜，用诗情画意来诠释美食，将伟大的中华文明与中华美食相结合，他开创的意境菜，彰显了中华文明的博大精深，这一点，又是国外精致餐饮所无法企及的。大董的出现，是中国精致美食时代开始的里程碑，开启了中国当代精致餐饮的新时代。

取得巨大成功的大师傅，营造了一个美食商业王国，旗下的“大董”“小大董”“董小味儿”“董到家”攻城拔寨，在大城市里遍地开花，大受欢迎。其实，大师傅花在经营上的时间并不多，相当一部分时间是用在行业交流、推动行业发展进步上。认识大师傅，那是在“凤凰网金梧桐广东地区美食盛典”上，大师傅作为评委会永久主席，来广州出席活动。闫涛老师安排，我在德厨宴请大师傅和美食大家陈立教授伉俪等。那餐饭，大师傅兴致极高，自己操持着专业相机拍照，与我讨论宴席上各个菜的做法，频频举杯，对德厨的出品赞赏有加，事后还专门写了文章做了评鉴和推荐。以大师傅在美食界的影响力，德厨一下子在全国美食圈出了名，找我要吃德厨的也多了。当然，我的腰包也日见消瘦。

“凤凰网金梧桐美食盛典”，每年在北京、上海、广东、江浙、川渝五个地区举办活动，加上年终的全国性活动，就达六场之多，在众多优秀餐厅中评选出获奖餐厅。这个工作量不小，每场活动大师傅都亲力亲为，他的致辞更是新意频出，一听就知道出自他之手，不假手于人。作为“黑珍珠”的理事，大师傅也为这个榜单贡献自己的力量，据说一些别人不敢讲的话、得罪人的话，大师傅在理事会上就敢大声疾呼，甚至于为了坚持原则而发出“退出理事会”的狠话，让这个榜单似乎还有点靠谱。尽管大师傅自己的品牌“大董”在这个榜单上一向处于弱势，这样更看出大师傅所争与所不争：所争之事，行业健康发展；所不争之事，自己品牌的利益。这样的董振祥先生，方具行业领袖风范。

大师傅更多的时间，是行走于山水之间，在采风中做产品的研发。一位伟大的厨师，其实是一位杰出的美味设计师和工程师，是一位美食生物学家、美食化学家和美食物理学家，必须对食材和烹饪有充分的认识。为了充分认识食材，大师傅行走于山水之间，用自己的脚步丈量生长着食材的河流山川。有人送给他一个西藏墨脱的石锅，他想到著名的林芝石锅鸡，于是从成都乘车出发，经过七天的跋涉到了林芝，只为感受原产地的石锅鸡；而我，到西藏顶多就是坐个飞机，更不会为了一种食材而寻访当地。他吃到安徽太和的香椿，想到同为三大著名香椿品种的迁西香椿，于是让司机载上他驱车前往河北迁西，一路打听进入景忠山，只为一见长在香椿树上的迁西香椿真面目。换作我，找个熟人弄点过来不就行了吗？我估计，在中国美食圈，大师傅是为了了解食材走得最多最勤的一个人。

为了了解食材，大师傅可以不辞辛苦，走遍万水千山，为了菜品的推陈出新，大师傅貌似举重若轻，实则小心翼翼，认真得很。且不说“大董酥不腻烤鸭”已经进阶到5.0版本，这个东西一开始就太好吃了，太好的东西也有个毛病，就是再好一点，也不容易品尝出区别来，我是属于见到1.0版就已经晕菜那种。大董新品的推出非常快，从一季一新菜单变成一个节气一个菜单，菜品的迭代已经不是四季变化，而是二十四节气变幻无穷。最近大师傅在研发鲁菜和徽菜，再推两个新品牌，我有幸尝到了他正在研发的新菜。对一些菜，他津津乐道，得意扬扬；而对席中另一道菜，他马上指出某个环节出问题，整盘菜就退了回去，重新炒过。一道龙口粉丝烩螃蟹，我吃过奄仔蟹版和大闸蟹版、一人一蟹版和一人半蟹版、不辣版和微辣版，一个比一个出彩，最终成型时，举座皆喝彩，而这背后，是无数次的试错和修正。大师傅寻味的足迹遍及全国，大家也以接待过他为荣，他也投桃报李，热情接待天下餐饮从业者。他的总部北京南新仓店，有半层超大的大董美食学院，既负责菜品的研发，也是一个超大的会客厅。说大师傅请吃饭，对不起，就是认真吃饭，经常是来自全国各地餐饮圈的几十号人同坐一桌，说话要用麦克风，聊天的时间真没有。大师傅发表个热情洋溢的欢迎词，介绍菜品，挨个敬一轮酒，一圈走下来，宴会也就到尾声了。由于认识的人太多，来拜访的人也多，估计大师傅能记住的名字也不会太多，大家碰杯时，大师傅的助手袁姐必须在旁边负责提醒来者何人，哪年哪月在哪见过，这时大师傅负责弯着腰说："是是是，记起来了。"究竟记不记得，天知道。我真佩服袁姐的记性，只见一次就可以把人记住，如果谁想使坏，把袁姐挖走，估计大师傅也就瞎了一半。

大师傅创造了中国意境菜，这不仅菜要做得好，更要对中国文化有深厚的研究。可以说，大师傅是中国餐饮圈最懂中国文化的人。他对唐诗宋词有很深的研究，最近读他的美食随笔《山水与心地》，文字之优美，叙事之有趣，很不一般。他写刚入行时摇元宵，店里员工每人分二斤，每斤三十个，正常的元宵蘸三次水滚三次面，他们为占便宜多蘸了几次水多滚几次面，如大号乒乓球般的元宵，结果是怎么煮也煮不熟……那种趣智，简单几笔，便跃然纸上。他的毛笔字学王羲之，也有几分神似。最近他的书法新作“做鸭太老，成佛尚早，卖参刚好”，成为美食圈的美谈，笔法刚劲中带着秀美，内容风趣幽默，南新仓店升级后以海参为主打招牌，趣味中贴近主题，有意思。

大师傅1米96的大高个，这绝对是中国餐饮界最接近天花板的人物。魁梧的身材，站在你面前，如泰山压顶，戴着一副有色眼镜，他可以见到你，你却看不到他的眼神，所谓的不怒自威不适合形容大师傅，看不到他的表情，简直是风中带威。这样的形象，估计没人敢在他面前开玩笑，更不敢跟他提什么建议。我已经算是天不怕地不怕的人了，在他面前也不自觉地变得唯唯诺诺、毕恭毕敬，这种强大的气场，估计大师傅是没有机会听到一句令他不舒服的话了。但是，真实的大师傅，放松的时候有趣得很、平和得很。几个月前我去北京参加花脸啤酒的一个活动，大师傅是台上的主讲嘉宾。活动结束，我和他打招呼，他马上说当晚一起吃饭。我在北京的行程是二狗王振宇兄安排的，二狗向大师傅说，查了他的行程安排，知道大师傅忙，所以没有打扰他。大师傅说辉哥来北京，我们必须聚，既然你已经安排了，那就把其他朋友一起叫上。

当天晚上，我和二狗、傅佣军和蔡冬梅一起就在大师傅的办公室吃饭。大师傅一改往日的一本正经，完全的放松状态，大家欢快地聊了起来，什么都聊。他聊到了自己做小手术时徒弟徒孙们对他无微不至的关心；体检时做肠胃镜，麻醉药刚过，管子从肛门拔出来时的快感；在扬州宾馆散步时底裤掉出来的尴尬——一个人的底裤，走路时怎么会掉出来呢？原来，他回宾馆房间时连底裤一起扒下来后换睡衣，第二天穿衣服时，换了新底裤，再穿上裤子，忘了里面还有旧底裤，旧的底裤就这么夹在裤子间跟着他走了一天，直到掉了出来他自己都不知道，他就是这么一个对自己如此粗心的人；他甚至聊到了他自己人生最大的滑铁卢——在美国纽约投资大董烤鸭店，亏损了好几千万……这些糗事，别人问都不敢问，他却一一道来，拿自己开涮。我们就这样边吃边喝边聊，每上一道菜，量都很大，大师傅都留下一大份给服务员，要他们尝一尝。这些服务员是来自旗下各店到北京总部培训的。大师傅说，这些服务员其实是各门店的骨干，他们没吃过好东西，就无法跟客人沟通。这时的大师傅，不要说没有架子，简直是可爱加顽皮，有趣得很。

头顶着闪耀的光环，又是中国餐饮界的领军人物，大师傅不装一下也不行。真实的大师傅，也是常人一个，也有自己的喜怒哀乐。轰动美食圈的大师傅与上海某人骂战事件，就是大师傅真性情的写照。上海某人，也是写美食评论的，不过以给餐厅差评来博取眼球，是美食圈的一大公害，但多数人不敢惹他以求明哲保身。有一天，这人故伎重演，在微博上碰瓷大董，大师傅忍不住也在微博上予以回击，这事一时引起美食圈的围观。事实证明，这人就是人渣一个，最近更是联合一众“五毛党”，搜集美食圈一大咖八年前的言论并予以举报，想让他社死。大师傅当时挺身而出，提醒美食圈警惕此人，杯葛此人，是有担当的。对美食鉴赏可以有不同见解，但在大是大非面前就不能模棱两可，像这种人渣，就应该有人及时揭露，就应该选择与他切割。

高处不胜寒。站在中国餐饮最顶端的大师傅，挑战其实来自于他自己：美食的江湖需要一个领军人物张罗一切，美食的江湖又很容易互相看不起，于是辛苦与闲言碎语会并存；美食的创新日新月异，生意场上挑战无处不在，于是光环与发展压力同在；别人经营不善关门大吉是常事，他的店如果不是门庭若市就是“不行了”。

作为行业领袖，别人会用完人的标准要求他，而作为一个热血男儿，他又怎么就没有权利表达他的喜怒哀乐？大师傅对中国餐饮业的贡献，足以让我们对他仰视，而处于领袖地位的大师傅，也只能“起舞弄清影，何似在人间”。谁让你那么高大呢？天塌下来，不就是你先顶着吗？如此互相理解，这个江湖，才能和谐又不缺温度。

厨神蔡昊

认识蔡昊，还是闫涛老师介绍的，说实话，他给我的第一印象，不好。

那时我和几个朋友合伙投资了一家餐厅，邀闫涛老师来采访，推介一下。过了几天，闫老师给我电话，说介绍两个潮汕美食家老乡给我认识，他们也许可以给我点意见。于是约了一个午餐时间，厨房准备了几个拿手菜，我准备了两瓶红酒，记得是雄狮，反正我是认真的。

客人如约而至，其中就有蔡昊老师，闫老师介绍他是汕头老乡，从美国回来几年了，干的是化工，自己琢磨着做菜，厉害得很。另一位是澄海籍老乡林畅，原来是律师，现在做红酒生意。两个都是近一米八的高个，不仰视都不行。一顿饭下来，大家聊的都是美食，蔡昊老师的意思就是一个：你这餐厅，师傅不行，没有特色，趁早关门！我当时就嘀咕：哪有第一次见面就全盘否定，一点面子都不给的？我是请你们来给我出主意怎么发财的，你却叫我关门，这人也太不会做人了吧？不久，餐厅的生意每况愈下，最终关门大吉。蔡昊的预言，全中，真是毒舌一枚!

再次见蔡昊老师，已经是过了一段时间。还是闫涛老师，有一天来电，说蔡昊在珠江新城与人合伙开了一家店，只有四间房，叫“好酒好蔡”，门庭若市，请大家去品尝。彼时的好酒好蔡，在一个会所，场地狭小得很，但却工工整整，干干净净。蔡昊热情地招呼着大家，讲解他做每一道菜的逻辑：每人两小碟前菜，是上主菜前的小点，也是每道菜上菜前的应急下酒菜。毕竟中国人的聚餐，主题是酒。这些小菜，任务重要，马虎不得；一人一小盅暖胃汤，但等会儿有主汤。这样的设计，考虑的是国人聚餐，落座后很快就举杯，肚子空荡荡的很辛苦，一小盅滚烫的汤，让胃里舒服点，但只有两三口，因为马上要喝酒……明白了，这人不是不善解人意，他的心思都放在菜品的设计如何让客人满意，至于其他，他不考虑，他活在美食世界中。

“干净”是蔡昊的口头禅，也是他评价一切的标准。做菜，他的标准是干净，把食材的味道表现出来，不过多地掺和其他因素。过于复杂的酱料，他认为是“不干净”。他做羊肉是一绝，不论来自哪里的羊肉，都没有任何膻味。我和他一起待在厨房，才看到秘密——把羊肉用各种去膻方式处理，煮好后，汤过滤，肉还用水洗一遍，为的还是“干净”。全世界没人想到！在他眼里，加姜加辣加各种酱，不是去膻，是掩盖膻味，只掩盖不去除，也是“不干净”！他做菜，再复杂的菜，都要事先分步骤处理好，等到最后要做时，只剩下简单的几步，条理清

晰，他也谓之“干净”；合作做生意，合作方将一些管理成本算进去，他认为“不干净”，即使他有钱分，也不爽，宁可一刀两断，也要追求他的“干净”；和朋友相处，一两句话、一两个细节不妥，他认为“不干净”，不惜因此翻脸；心里想什么，不说出来，在他心里藏着，也是“不干净”，因此必须说，即使别人不高兴；帮他赚了钱，他会马上想办法报答一下你，因为心里欠着一份情，这也是“不干净”。

蔡昊的“干净”，其实是一种洁癖。这种洁癖，与食物对话，可以很出彩，因为食物可以任由你把弄，把食物的本来味道干净地表达出来，这是现代烹饪的方向，所以，他的出品总是很惊艳。他的汤，清澈透明，为了表现鲜，连油花都不能见到，仿佛一滴油都会让鲜不纯粹；他的脆皮婆参、脆皮猪手，为了表现胶原蛋白的糯，高压锅、低温慢煮，什么手段都上，连酱汁都是用花胶熬出来的，而不是淀粉勾芡，让胶原蛋白全程呈现，干净；他的姜葱汁螃蟹，只取螃蟹腿，去壳，姜葱萃取出汁，肉与汁的直接对话才纯粹，蟹壳和姜葱纤维都成了障碍，必须灭之而后快；他做榴莲冰淇淋、开心果冰淇淋，不能有冰碴，要的是冷冻榴莲和冷冻开心果的感觉，连奶油的味道都不允许有……

蔡昊的洁癖，给了他美食世界的精彩，也给了他与人相处的烦恼。黄景辉师傅主理下的江餐厅，获得了广州最高的米其林二星，景辉兄为人一向谦恭，邀请蔡昊和我几位到他主理的另一餐厅岁集院子小聚。酒足饭饱之余，蔡昊突然冒出了一句“今晚还是可以看出景辉兄的进步”，吓得我顿时酒醒。人家获得的荣誉和社会认可不亚于你，“有进步”可是前辈评价后辈的专用语言，你蔡昊用在景辉兄身上，合适吗？好在景辉兄厚道，一脸诚恳地表示感谢。但这就是蔡昊，他心里想什么就说什么，不怼人就不错了，奉承话从来不会！最近和他约饭，超过六位他就说没空。其实他自己知道，他说话容易得罪人，聚会控制在六人，除了他，每次最多也就得罪五位，控制好每次得罪的人数，得罪人的总量也就降了下来，难怪最近对他的差评少了一些。给他介绍一个生意，大的条件都谈好了，就是一些小条件，双方互不迁就，蔡昊认为这是对他品牌的不尊重，心里不爽，也是不干净，不干了！我们生活的世界，本身就是垃圾遍地，病毒肆虐，人与人之间，互相奉承，捡点好听话说，也正常得很。大家都坦诚相见，互怼互损，这个世界，一定乱成一团。干净的灵魂，要在不干净的世界游走，这既是向生活妥协，也是生活的智慧。这一点，估计蔡昊到死的那天都学不会。

蔡昊只是有洁癖，但他不是不解风情；相反，他还是风情万种，让人感动。他最近准备在杭州开店，邀我去看店，整个行程，从航班到酒店，从交通工具到几点下楼，他安排得妥妥当当。问都不用问我，他就知道我想见谁，安排了美食大家陈立老师的家宴、见江南渔哥的蔡哥、见杭州首席美食家眉毛老师、见神婆……这些信息，都是他从我平时的言语中提炼出来，真是个有心人。我的首部美食随笔《吃的江湖》的发布晚宴，他有事缺席，那就必须由他主办再来一次，不计成本，完全实现麦卡伦自由，从1927年开始往上数。我家里的威士忌，堆满了两间房，其中有一半是他送的。

厨师就是艺术家。有创意的厨师，就是创意十足的味觉艺术家，没有个性的艺术家，只能创造出平凡的作品。有洁癖、有个性、不迁就，这就是蔡昊，这种性格，成就了一代厨神，也使蔡昊在美食的江湖褒贬不一。我建议，这么有性格的厨神，我们就呵护着他，让他给我们创造多点美食，如何?

精神，辉师傅！

说到潮汕籍厨界的中青年一代，如雷贯耳的，除了有厨神之称的好酒好蔡的蔡昊，还必须有黄景辉师傅。由他主理的文华东方酒店江餐厅，四年连夺米其林七星；今年，由他主理的另一餐厅“岁集院子·拾月”，又夺米其林一星。厨界最高荣誉的米其林，于黄景辉师傅，有如囊中取物，易如反掌，不服不行！

餐饮界、美食界以外，黄景辉师傅的名字，远没有“江由辉”的名字响亮，这源于2018年米其林第一年进广州，文华东方酒店的中餐厅就勇夺一星。那一年，米其林最高只给广州餐厅一星。文华东方酒店中餐厅名字就叫“江——由辉师傅主理”，不明就里的人，以为大厨姓江名由辉，黄景辉师傅也就变成“江由辉”先生。

第一次见辉师傅，当然不是在“江”，而是在辉师傅当时主理的另一个餐厅。四年前的一天，辉师傅服务的江餐厅刚拿了米其林一星，由闫涛老师组局，辉师傅宴客，我们吃“霸王餐”。辉师傅偕夫人小静一早就在餐厅迎宾，经典的笑容，咧开嘴，眼睛眯成一条缝，不论是说话，还是倾听，这个笑容永远保持着。这是装不出来的，能装这么久，后果一定是面瘫。菜是毫不含糊的，八道前菜，有潮汕的卤鹅、鱼饭，有西南的酸，四川的辣，淮扬菜的甜；海南文昌鸡，那是辉师傅曾经服务过的海南菜餐厅大椰风范的招牌菜；姜油蛇碌，用大量的菜籽油萃取姜的香给蛇肉入味，这个做法大胆，可惜这道菜现在已经消失了；焖甲鱼，那种干辣，大胆地把湖南菜直接拿来；无骨鲫鱼粥，顺德菜的精细烹鱼刀工，潮汕粥典型的津冬菜和芹菜粒，将广府菜与潮州菜直接打通。这顿饭，辉师傅给我的印象是：为人诚恳、谦卑、热情，菜品的设计天马行空，没有边界，他的创意粤菜，有创意。深刻的印象，挥之不去，后来我写了一篇《一碗不寂寞的鲫鱼粥》，收录在我的第一本美食

随笔《吃的江湖》里。

人多地少、机会更少的潮汕大地，出外打拼就是有点想法的潮汕人的选择之一。十六岁就到广州学厨的辉师傅，也选择了这条奋力拼搏的道路。各种媒体宣传他四年成大厨，聪慧过人，我倒没听他吹过；我亲耳听到的，是他成长道路上的不容易和一路的拼搏，脚步从不敢停下过。二十出头远赴沈阳，为的是一个更好的发展机会；重回广州，住的是城中村的小屋；现在事业有成，他也不敢奢谈享受，一人主理几个店，疲于奔命；即便看似轻松的外出采风，脑子里全是学习和思考，手机里三百多道研发菜，那是一道道未完成的作业……因为从小工一路成长，他知道徒弟们的不容易，带好团队在他心里，比研发新菜更重要。他研发出来的新菜，没有秘密，会录成视频教给每个团队成员，再亲自演示一次给他们看，这种不藏着掖着的开放心态，结果就是团队水平的超稳定，他在与不在，菜的出品水准都一样的好。文华东方的江和“岁集院子·拾月”，我都在辉师傅不在场的时候宴客过，水准稳定，我想这也是米其林看中他餐厅的原因之一。一些餐厅在主理人不在时出品就严重下降，米其林星探又不会告诉你他什么时候会到店，不稳定的餐厅，必然就露出了破绽。

辉师傅的谦卑，是那种发自内心的一如既往。《吃的江湖》首发，我礼貌性又试探性地邀请他到场捧场，他花一个下午的时间，静静地坐在台下当观众。随后的签售仪式，在长长的排队人群里，他买了一本书和普通读者一样排队，到我面前吓了我一跳，也彻底地感动了我。“马爹利美食剧场”由辉师傅、侯新庆师傅、杜建青师傅的团队负责演绎，我参加了深圳那一场。饭后我与辉师傅微信沟通，斗胆指出侯师傅某个菜温度把控不佳，辉师傅把实情和盘托出：说是三个团队联袂演绎，实

际上是三个团队贡献了菜品的研发，负责深圳站实操的，是辉师傅的团队。“这个菜没做好，不是侯师傅团队的问题，是我的团队执行出问题。”这就是谦卑！这就是担当！这就是胸怀！

广州的美食界，有几个著名的口头禅，有何文安老师的“我就在楼下”，有威少的“你就好啦”，有闫涛老师的“恭喜发财”，还有黄景辉师傅的“精神”——意思是“一切都好”。大家叫他“辉哥”，但我一在场，变成两个“辉哥”，我又虚长他几岁，所以他只能是“辉师傅”。我们俩平时交流不多，但彼此心照不宣，我约他，他从未缺席过，他约我，也无须先说约会内容。不过，这样的“坦诚相待”，也容易踩雷——他银婚的纪念晚宴，席设文华东方酒店宴会厅，我带了他结婚那年的一瓶拉图红酒过去给他们祝贺，为了表示重视，当然也带上了老婆大人。这就尴尬了，整场晚宴，辉师傅各种撒狗粮、各种表白，把他老婆彻底感动，也把在场女士挑动了起来。我们家领导虽然不吭声，我却越坐越感到不对劲，仿如参加了一场专项教育，被办了个学习班。晚宴吃了什么已经不记得了，反正是索然无味，如坐针毡。而且，从此也不敢说没被辉师傅在文华东方酒店请吃过饭了，这饭吃的……

广州美食界，辉师傅是当之无愧的撒狗粮之王，有辉师傅出现的聚会，必有太太小静在场，典型的神雕侠侣。辉师傅告诉我，他的生命，一刻也离不开她：昔年他远赴沈阳拼搏，一个穷小子，靠着甜言蜜语和死缠烂打，外加一麻袋肉麻的情信就把小静骗到手；带着小静回广州工作，住的是城中村的小屋，小静还要去酒楼当咨客；自己稍有成就，赚到点钱飘飘然，跑到东莞地下赌场赌钱，输个精光、欠下一屁股债，人还被扣下，是小静拿着现金去把他赎回来……现在的创意，小静有时的一些点拨，也经常有惊喜之作，比如我们最近吃到的虾汤金不换鱼翅和牛大芥菜，都是小静的提议，确实好吃。也是，最亲密的人，当然是最了解你的人；小静又不是厨师，所以又能跳出圈外，不会陷入死胡同；辉师傅带着小静到处采风，吃得足够多的小静，已然是位顶级美食家。这三个因素，决定了小静可以成为辉师傅的外挂大脑。这对神雕侠侣，真的羡煞旁人！我开玩笑地说，辉师傅能取得如此辉煌成就，秘诀之一就是，当大家处在一片喧闹之中时，辉师傅总在心里说：“我想静静！”

摘下米其林八星的辉师傅，已经证明了自己有超凡的造“星”能力，一人主理几个餐厅，也证明了他的管理水平。在我看来，辉师傅面临的挑战，是如何经营好自己：主厨的时代，光芒万丈的头衔，容易成为主厨与老板矛盾的导火线。每个潮汕人，都怀揣着一个成为老板的理想，是自己创业？还是安心做主厨？还是与餐厅合作？这些问题辉师傅不考虑，团队的小伙伴也会考虑。

其实我肯定想多了，为人一向温良恭俭让的辉师傅，有足够的智慧解决这些人生发展中的问题。据说很快又有一个新阵地：深圳的文华东方酒店即将开业，又需要一个“江由辉”师傅来主理。我敢预言，米其林进入深圳之时，又是辉师傅继续摘星之日。

精神！辉师傅。

广州厨界明星冯永彪

认识冯永彪师傅，大约在七八年前，还是刁嘴容太介绍，那时彪师傅还在富力君悦酒店当行政副总厨，他的上司是一个外国人。

容太如发现外星人般兴奋，说广州厨界的明日之星就是他了。为了让大家长见识，她请大家在君悦酒店中餐厅吃饭。那时广州星级酒店餐厅给大家的印象，就是又贵又不好吃。那个年代，酒店的餐厅，只是客房的配套，吃得安全才重要，至于好不好吃，似乎大家不怎么上心，反正酒店住客一般都不会选择在酒店餐厅吃饭，大家宴客更不会选择在酒店的餐厅。

君悦酒店的中餐厅，环境真的没得说，俯瞰广州CBD中轴线，房间宽敞大气，书香气满满，从环境上说，商务宴请绝对是顶尖级的。那时的冯永彪师傅，刚经历过传统粤菜广州酒家的基础培训，接受了港式粤菜利苑酒家的升级历练，已经拥有了扎实的粤菜功底，来到星级酒店的舞台，也就拥有了更为广阔的想象和发挥空间。

先出场的一道香槟玫瑰象拔蚌，就一下子征服了大家：切片的象拔蚌，卷出一朵朵玫瑰花状，放在高脚的香槟杯上，仿如每人手捧着一朵盛开的玫瑰花，这让人想到了“浪漫”。这“玫瑰花”也分两种颜色和味道，淡黄色是象拔蚌的本色，经过烟熏，象拔蚌的鲜和烟熏的木柴香味交织，这让人想到了“丰富”；黑中带黄的是黑松露拌象拔蚌，象拔蚌的鲜和黑松露特有的浓厚香味缠绵，这让人想到了“高贵”。一道菜，同时具备了浪漫、丰富和高贵的气质，俘获了所有食客。让大家连呼过瘾的多仁烧鹅，更是奇思妙想：烧鹅是粤菜的头牌菜，现烤刚出炉的烧鹅，皮脆肉鲜汁香，整只烧鹅推出来展现在大家面前，已让人垂涎欲滴，但是，彪师傅可不是让你吃烧鹅。极巧的刀工，将烧鹅皮连着一层薄薄的肉片下来，卷着炒得极香的榄仁，浓浓的肉香裹着坚果香，香到了极致。

这两道菜，其实都是传统粤菜的升级版，对应的分别是捞起象拔蚌和烧鹅，只是让它们内容更加丰富，表现形式更加高大上，但味道上都是妥妥的粤菜风味。在传统基础上改造、升级，但要保留粤味，这一思路一直是彪师傅创作的主线。他现在主理的瑰丽酒店广御轩，这一思路更加明显。最近吃到的一道菜——菜脯焖黄皮老虎斑，那是他到汕头采风后回来的成果，选用潮汕萝卜干，丰富的多酚类物质带来了特别的香味，粤菜师傅喜欢的高端海鲜黄皮老虎斑，丰富的脂肪，鱼味浓厚，肉质鲜嫩有弹性，厚实的鱼皮富含胶原蛋白，用于焖煮再合适不过。潮汕的菜脯焖鱼做法，一般是用五花肉和菜脯直接煮入味；传统的红烧做法，是将鱼油炸后再入味。彪师傅采用他擅长的“生焖”法：切块拍薄粉，稍微过油定型，鱼只有三成熟，再用蒜和菜脯焖煮入味，如此操作，鱼外面有一层薄薄的糊化的淀粉，鱼汁流失不多，菜脯的味道还可以进到鱼中。原材料是潮菜和粤菜，做法却用他最擅长驾驭的粤式做法，这就形成了彪师傅独特的风格。向优秀的出品学习，这是菜品创新的捷径。但学习不是抄袭，现在市场上大量的菜品抄袭，而且还厚颜无耻地声称自己是原创。抄袭是出不了精品的，在这方面，彪师傅走出了自己一条道路。

在我所见到的师傅中，彪师傅是最擅长烹饪蔬菜的。蔬菜对于人体的重要性无须赘述，但高端餐厅普遍都不重视蔬菜。这一方面是因为用蔬菜做菜，收不了高价钱，另一方面是因为烹饪蔬菜确实难以出彩。彪师傅认为，高价菜要做好，便宜的蔬菜也不能马虎，要让客人尝到与家里不一样的味道。特别喜欢他的虾米炒包菜，包菜一年四季皆有，产量又高，是一种平民菜。一般的做法就是用猪油和大蒜炒，彪师傅在两个

方面下功夫：一是选用昼夜温差大的地区产的包菜，温差大，有利于蔬菜糖分的生成，所以更甜；二是用虾米给包菜入味，包菜里细胞之间空隙比较大，水分含量多，要将水分煸炒出部分才容易入味，但水分流失太多，包菜结构发生塌陷，变得软绵绵的，这就不脆了。虾米丰富的游离氨基酸可以快速为包菜入味，所以可以短时间煸炒就能入味。彪师傅炒出来的包菜，又脆又嫩，又鲜又甜，比大鱼大肉还好吃。

善于钻研和学习的彪师傅，技艺突飞猛进，从君悦酒店转到瑰丽酒店，一个全新的餐厅，不到一年时间，就接连斩获“米其林”“金梧桐”和“黑珍珠”，成为广州顶级粤菜餐厅，一位难求。荣誉扑面而来，但彪师傅依然那么严谨认真，一丝不苟，这可以从餐厅的中午点心窥见一斑。作为一个高端餐厅，既不愁客，也不愁客单价，而午市点心不能卖高价，从盈利角度看，做好午市点心不值得。但彪师傅认为，粤式点心是粤菜的重要组成部分，没有了点心，就如缺胳膊少腿。客人喜欢粤菜，点心是其中一个选项，尽管由于人力成本上升开不了早茶市，但中午茶市应该坚持。广御轩的午市点心，其精致和用心，不输白天鹅酒店的玉堂春暖，尤其是虾饺和叉烧酥，值得一试，那绝对是广州点心的翘楚。

已是名厨的彪师傅，仍然十分低调，依然热爱他的锅碗瓢盆，绑着围裙，在灶台前颠锅翻勺。每次我去广御轩宴客，他从帮忙订位到设计菜单，亲力亲为。上菜前出来与客人打个招呼，做个菜品介绍后就去厨房忙活了，有时出来交流一下后，一句“我去炒下一道菜”，又继续干活去。五星级酒店的主厨亲自下厨已经少见，名厨们更是热衷于走到镜头前，彪师傅还能如此平静、敬业，难得！

讲出镜，彪师傅最有资格，因为他拥有极高的颜值，长得与港星张智霖极像，还拥有可爱的酒窝，笑起来有点腼腆，白白净净的皮肤，看起来就健康而干净，长期坚持健身，更是拥有一副绝佳的身材，妥妥的厨界小鲜肉，如果放在网红餐厅“跃”，绝对迷死一班城中富婆，只有Billy可以与他平分秋色，呆萌的喜客彪、帅气的Seven、满身才艺的袍哥，都得靠边站。明明可以靠颜值吃软饭，彪师傅却喜欢上做饭，那份质朴，与生俱来。有一天，彪师傅约美食圈几个人去吃饭，地点是老机场路一个海南风味大众餐厅。原来，这个餐厅是彪师傅学艺路程的一站，在这里，从择菜到切菜，彪师傅都干过。彪师傅请他曾经的同事给我们展示了这个餐厅擅长的镬气和炒功，介绍的时候，充满对过往经历与岁月的感激和怀念。一个人，成功后不忘他的来时路，这才可以走得足够长远。

彪师傅对刁嘴容太极为尊重，每次见容太，都把腰微微下弯，要是放在万恶的旧社会，直接就改为下跪磕头三鞠躬了。他称容太为伯乐，说容太的很多美食主张，成了他的创作灵感。容太也毫不客气，对他指手画脚，评头品足。有一次在朋友圈见到彪师傅与她极讨厌的人在一起，容太大呼“阿彪变坏了”。彪师傅利用假期到外地采风，容太说彪师傅的问题是“看得太多，花多眼乱”，彪师傅听后只是呵呵一笑，也不辩解。我跟彪师傅说，偏激的容太，在她眼里就没几个“好人”，创新更是多此一举，最好就一心一意做好传统菜，她的这些观点，一笑而过就好了。

彪师傅的业余时间，除了到外面采风长见识，就是陪伴家人，他的微信名就叫“瑰丽凑仔公”。我的新书发布会，邀请彪师傅参加，彪师傅那天刚好休息，他带上儿子来参加。签售时，彪公子还争了头位，现在已经是我的粉丝。当晚跃餐厅为我张罗的答谢晚宴，他说要陪孩子，只能遗憾缺席了。我让他带上孩子一起参加，电话那头的彪师傅答应了，语气有些羞涩。当晚彪师傅带着孩子一起出席，一边照顾着孩子，一边与大家其乐融融。难得的假期，彪师傅带着一家人外出度假，陪伴着小公子、小公主，是他最大的快乐，这是一个视家庭为第一位的好男人。

这样的彪师傅，必成大器，当然了，现在彪师傅已经是器大活好，这样走下去，扛起粤菜未来的厨界明星，必然有他一个。

潮菜泰斗老钟叔

老钟叔本名钟成泉，其实人并不老，今年还不够七十岁，之所以被尊称为“老钟叔”，是因为他在潮州菜的江湖地位使然。认识老钟叔，还是厨神蔡昊引见的。

尽管我也是潮汕人，但汕头哪个餐厅好吃，几年前我并不了解。我十九岁离开潮汕，之后便留在了广州，每年回去看父母，也总是行色匆匆。我们这代人，父母这一辈都是勤俭节约惯的，在家陪父母吃饭，就是正常选择。几年前自己爱上了美食，心想再回汕头，一定要带父母和姐姐们出去品美食，总不能一人独享。问厨神蔡昊汕头有哪些地方值得去吃，蔡昊老师首推老钟叔的东海酒家。于是，订餐连带吃什么，都一一帮我安排妥当，我只需要带着父母和姐姐两家人浩浩荡荡去就是。

那是令我印象深刻的一顿饭。几年前的东海酒家，可谓一位难求，节假日的东海，不提前好几天订位，根本就吃不到。东海的生意火爆，源于对味道的极致追求和货真价实：猪脚鱼翅一人一大碗，软糯得恰到好处。这是经验老到，火候拿捏到位。翅汤浓郁但不油腻，比广府菜的浓汤翅更清，比潮州清汤翅更浓，还有猪脚独特的香味，这是东海的特有味道；潮州菜的鹅血一般用卤水冷菜表现，东海酒家也用卤水，却以热菜表现，滚烫的鹅血煲，高温让鹅血的少许膻味荡然无存，嫩滑如豆腐，这是东海酒家的独门绝技；罗氏肉丸，不夸张的脆弹，那是不放任何添加剂的纯手工，大地鱼干贡献的核苷酸，给肉丸带来更鲜的味觉享受，那是老钟叔从罗锦章师傅处学来的拿手好戏；狮头鹅的鹅掌翼在潮汕是高档食材，做成卤水价格是鹅肉的数倍，老钟叔却用酸梅做成鹅掌煲，鹅掌丰富的胶原蛋白经过长时间的炖煮，已经分解为明胶，带来软糯的口感，酸梅中的氢离子刺激味蕾，唾液大量分泌，将鹅掌的肥腻赶下去，就是可口解腻，这是东海的独特标识；芋泥油粿这种老点心早已消失于江湖，芋泥之甜，炸油粿之腻，这种以前的美味放在营养普遍过剩的今天并不受待见，没有一个餐厅会让它保留在菜单上，东海都仍然保留，这是东海酒家对潮汕味道的顽强坚守……

潮州菜是现在的风口，但真正的潮州味道是什么，却有点说不清道不明。这是因为潮州菜也经历了一次断层。潮州菜的繁荣始于清朝末年，那个时候也是潮州味道的形成时期，新中国成立后的相当长一段时间里，国家都比较困难，大家能吃饱就不错了，讲究的潮州菜在本土也就没有生存的土壤。幸好有漂洋过海的潮汕华侨，他们在东南亚和香港保留了潮州菜的薪火，发展出潮州菜的一个重要分支——海外潮菜，尤其是港式潮州菜。改革开放给本土的潮州菜带来了复兴，幸存的老厨师们带着一帮年轻人从头学起，也向港式潮州菜学习，形成了新的潮汕味道。那时还是年轻人的老钟叔就是在这样的环境下成长，1971年参加汕头市首期厨师培训班，师从罗荣元、陈子欣、蔡和若、李锦孝、柯裕镇、林木坤等师傅，在汕头市饮食服务公司、大华饭店、标准餐室、飘香餐室、汕头大厦、鮀岛宾馆摸爬滚打，从学徒变为一代宗师，学得一身过硬功夫，二十世纪九十年代初就出来自己创业，创立了东海酒家这个品牌。潮州菜的发展，经林自然大师、蔡昊、张新民老师的改造，也形成了另一个派系——现代潮菜。但以老钟叔为标志的东海酒家，则仍然坚持传统潮州菜的路子，形成了本土的传统潮菜，如果要寻找潮州菜的老味道，东海酒家就是！

对传统的坚持，需要耐力和决心。在租金和人力成本不断上涨的今天，引入贵价食材，提高客单价，也是正常的选择。鱼子酱、法国肥肝、松露这些潮汕本土没有的高档食材，也纷纷出现在潮州菜餐厅。潮州菜不缺高档食材，烹饪鱼胶、响螺、鱼翅、鲍鱼、燕窝以及其他各种高端生猛海鲜也是潮州菜的拿手好戏。老钟叔驾驭这些食材也得心应手，但他却仍然不舍得那些卖不出高价的老菜，东海酒家有高档菜，也有大量的价格不高但颇费工夫的老菜，像干炸蟹枣、寸金蟹卷、炸家乡虾饼、腐皮酥鸭、巧烧雁鹅、干烧水鸭、豆酱焗鸡、糯米酥鸡、焖芝麻鱼鳔、酸甜猪脚、蒜香佃鱼煲、绣球白菜、红烧白菜、虾米笋粿等，经历过潮州菜差点失传的老钟叔，知道这些老味道的可贵之处。

潮州菜需要坚守，更需要传承。老钟叔虽然不收徒弟，但却毫无保留地把他的技艺编成书出版，他的《潮菜心解：一百零八种潮汕味道》，精选了一百零八道传统潮州菜，将配方、做法及他做菜的心得倾囊相授。陈晓卿老师评价这本书“是将他多年的见识和实践汇聚起来，是潮菜传承和潮汕文化研究的重要文献”，一点都不夸张。对潮州菜的传承有着强烈使命感的老钟叔，工闲之余，就在手机里一笔一画地写出一篇篇文章——后来编辑成册即为《饮和食德——潮菜的传承和坚持》，记录了汕头的潮菜史，弥足珍贵。他的公众号“老店老铺”极有意思，平直的语言，幽默风趣，就如拉家常，却把他经历的潮州菜发展史、他对美食的认知和一些美食人物一一道来。一个人的文化水平不是看学历，而是看成果，就凭这几本书和公众号，老钟叔就是妥妥的潮州菜文化研究权威，这些贡献，不亚于他亲自掌勺留传下来的传统潮州菜体系。

第一次在东海吃饭，接近尾声，一位光头、长眉、大鼻，威严十足、像极了晚年蒋介石的长者走了进来，问了一声：“哪位是林生？”一脸的严肃。我猜这应该就是老钟叔，忙起身过去与他握手，钟叔伸出厚实的双手，有力地紧紧握住，问大家吃得好不好，十分亲切。简单地寒暄了几句，钟叔送了我一本《饮和食德——潮菜的传承与坚持》。老钟叔其实不老，今年还不够七十岁，沈宏非老师说："钟叔不老，但其貌甚古，有阿罗汉相。不老而古，盖因其信而好古，相由心生者也。"那是换个说法，不说老，而说古，古老古老，区别不大。他们这一代人，年轻时经历过吃不饱的年代，干活时甚是辛苦，即便早早自己出来当老板，但老钟叔从未离开灶台，基本没什么享受，一脸写着"饱经风霜"。

此后每次回汕头省亲，我都在东海酒家宴请亲朋好友。菜都是老钟叔安排，每次我一到，老钟叔都很快就出来和大家打个招呼，聊了几句就亲自去烧响螺，以表示他的重视。晚宴快结束的时候，老钟叔又会过来寒暄几句，送给大家一些手信，既不打扰你宴客，又体现了足够的重视，分寸的把握恰到好处，十分温暖。

最近一次去汕头，我约上了厨神蔡昊一起去老钟叔那里喝茶聊天。约好的九点半一到，老钟叔微信也就到了，他已经在他的小木屋办公室等候我们，老人家对时间的认真，就如对火候的把握，分秒不差。他拿出他最好的茶叶——"茶痴"林贞标送给他的天香一号招待大家，这一聊，真是痛快，从茶聊到吃，从美食聊到人生。老钟叔不是保守，而是清醒：疫情改变了整个业态，他已经开始做减法，早年广州深圳也算去过，铩羽而归，他说他的命就是在汕头，离开汕头都不顺。把眼前的东西做好，已经快乐无比。已近古稀之年的老钟叔，一切都已通透，谈笑间，段子不断，这时的老钟叔，是个可爱的老头。到了近十二点，我们还有约，所以告辞。老钟叔怎么也不给走，原来他已经安排了一顿丰盛的午宴，"哪有来我这里只喝茶不吃饭的道理"，这时的老钟叔，就如热情的亲戚，不容你考虑。

对传统潮汕味道的坚持，需要有不为利益所动，不受外界干扰的定力。现代的食客，又有以“见多识广的美食家”自居的，总喜欢评头论足，给点改进建议什么的，这些人在老钟叔面前只能自讨没趣。老钟叔如果做到虚心纳谏、从善如流的话，就没有东海酒家的味道了。有一段时间，有朋友反映东海酒家味道偏咸了，我也去吃了一次，感觉汤确实下手得有点重，但借我十个胆我也不敢跟老钟叔提这种意见。不久，在一篇讨论芋泥的文章中，我特地艾特了老钟叔，盖因文章提到著名的芋泥燕窝的首创者就是老钟叔。在这篇文章中，我大放厥词，大谈现代人的味觉偏好已发生改变，偏向少盐少甜少油；又说人的味觉会随着年龄的增加而退化，并以利苑酒家为例子，老板亲自试味所定的味道，咸到客人无法接受，厨师们只能阳奉阴违，稍稍把味道调淡，旁敲侧击，只为让老钟叔知道我想说什么。其实是我想多了，中餐调味之事，并不走标准化路线，老钟叔认为，季节不同、地方不同，所用调料的量也不一样，这要靠厨师灵活掌握，所以“少许”的表述并无不妥，从这个角度看，老钟叔这套理论是正确的。由于没有标准化，咸淡之间全靠厨师调味，每次有一些细微差别，也属正常，最近这次在东海酒家吃饭，就没觉得味道过浓的问题。

踏踏实实做好菜，这是老钟叔的坚持，而对于目前眼花缭乱的各式营销炒作、各种美食榜单评比，老钟叔根本就不感兴趣，他有他自己的价值观。比如他对“黑珍珠”美食榜就不屑一顾，因为上榜餐厅在大众点评推介，促成成交要收佣金，老钟叔认为这是花钱买荣誉，拒绝与之合作。相反，凤凰网“金梧桐”美食榜没有任何商业捆绑，老钟叔喜欢他们的纯粹和诚意，也就欣然接受。潮州菜成为目前的餐饮风口，汕头、潮州、揭阳都是潮州菜的所在地，不论官方还是民间，都有“谁是潮州菜的正宗”之争，申报非遗或者美食之都什么的，总要分个彼此。

看淡名利的老钟叔笑称，潮州菜属于潮汕人民的，不是谁可以抢走的。

人怕出名猪怕壮，各大城市潮州菜也纷纷开张，作为潮州菜标杆的东海酒家，他们的厨师自然成为各方猎杀的目标。面对这种情势，老钟叔也无可奈何。疫情的影响，也改变了餐饮业的格局，东海酒家也面临同样的挑战。已近古稀之年的老钟叔，泰然自若，人生到了这个阶段，没有什么可争的。老钟叔做起了减法，缩小经营面积，闲来之时做起那些快被遗忘的潮汕小吃——糖方、老香橼月饼、瑶柱老菜脯……一个个都是经典，美了美食圈，也为行将消失的部分点心小吃续命。

所有菜系都会有不同的流派，百花齐放才是繁荣的保证，老钟叔为传统潮州菜所做的贡献有目共睹。潮州菜的历史，也必将留下这浓墨重彩的一篇。

南厨宗师欧锦和师傅

2010
DE RECOMMENDED
2011
MICHELIN GUIDE RECOMMENDED
The Kitchen
20
MICHELIN GUIDE RECOMMENDED
The Kitchen
MICHELIN
MICHELIN
MICHELIN
荣誉证书
食品安全推广大使
KraftHeinz
FOODSERVICE
卡夫亨氏餐饮服务
聘书

粤菜南厨宗师欧锦和，人称和哥。广州话的“和”，有“合得来”的意思，但是，与和哥初次见面，和哥却是一脸严肃，加上他的江湖地位，让人不敢随便与他套近乎。

是的，被誉为“粤菜南厨宗师”的欧锦和师傅，在粤菜里有着崇高的地位，确实令人高山仰止。他的名片，两页四面，仿如一本产品使用手册，里面的内容就有：广州锦和尚品董事出品总监&创办人、海南雅之和餐饮文化发展有限公司董事合伙人、欧锦和餐饮管理有限公司董事长、亚洲十大名厨、中国烹饪大师、中国饭店协会名厨委员会常务副主席、中国饭店协会鲍鱼专家副主席、美国第58届杰出华人、南厨宗师香港流派、法国蓝带美食协会最高荣誉勋章、中国烹饪大师杰出贡献奖、世界烹饪大赛金奖（南天鲍皇）、联合国教科文组织中华餐饮文化推广大使、世界中国烹饪联合会第五届副会长、广东南粤厨皇争霸赛连续六届裁判长、法国国际美食协会最高荣誉（区域顾问）、世界烹饪大赛国际评委、全国烹饪大赛国家评委、澳大利亚中餐研究会常务副会长、广东省食文化研究会常务副会长、广东省食文化研究会名厨专业委员会执行会长、中山市烹饪协会荣誉会长、清远市烹饪协会荣誉会长、中国改革开放四十周年功勋人物、中国烹饪巨匠、国际烹饪艺术家、广州市旅游商务职业学校客座教授……还有五个品牌代言，就不罗列了，这是刚改革开放时那一代名师的作派：很重视荣誉，多多益善！

这些名头并不具象，欧师傅将广州的美食江湖弄得翻江倒海，说起一两件事，广州无人不知，比如广州第一家高端餐厅南海渔村。1995年，南海渔村的老板徐峰先生就将当时在北京王府饭店当行政总厨的欧师傅挖了过来，打着“香港名厨主理”的招牌，一下子门庭若市，一位难求。高光时刻，人民北路流花公园店、环市路店、天河体育中心店三炮齐发，仅体育中心店月营业额就达一千两百万，吃一顿饭省着点菜也人均好几百，而那时我的月工资也就几百元。今天看似平常的生猛海鲜、刺身、鲍鱼、法国鹅肝，都是欧师傅从香港酒楼搬将过来；一个餐厅有八大菜系，八个团队另加日餐团队，济济一堂，欧师傅调度自如，这个纪录至今无人能破；九十年代作为厨师，工资加奖金年收入就已过百万，消费没有过万的客人不被允许见欧师傅，简直匪夷所思。

又比如丽晶明珠，将欧师傅整个团队高薪挖走，一次性付给欧师傅的“转会费”就是五十万，欧师傅笑言“看钱份上”。欧师傅没有让新老板看走眼，单店月营业额就冲上一千万，那时简直就如开动了印钞机，鱼翅、鲍鱼的价钱卖得比现在还贵，一盘豆苗就卖六十八元。欧师傅很骄傲地说，他帮老板赚到的钱，也应该是创造了广州纪录。

“香港名厨主理”是当时高端粤菜的标配，欧师傅确实也是香港名厨，但在这之前，他却是如假包换的老广。1976年，年仅十九岁的中山仔和哥，加入了“逃港”大潮，从珠海游到澳门，先在澳门的中餐厅打杂，第二年再转到香港打工。老一辈的粤菜师傅，都是从辛劳中走过来的，和哥每天需工作十三小时，全年365天只有一天休息。虽然如此，但他却从不抱怨，十分珍惜学艺的机会，每天勤勤恳恳工作，全心全意磨炼手艺。不出几年，和哥的厨艺便得到业内人士的认可和赞许，进入香港馥苑海鲜酒家任职大厨，跟随有“怪杰”之称的名厨刘以德学习厨艺。得到名师的指导，和哥的厨艺突飞猛进，到1988年，刚过三十岁的他就已成长为一名能独当一面的实力大厨，并受到香港馥苑海鲜酒家的重用，被委派到澳大利亚悉尼参与筹建分公司，出任中餐行政总厨一职，一待就是四年。这四年，也是他苦练鲍鱼功的四年。“南厨宗师”和“南天鲍皇”的美誉背后，是辛苦劳作和漂洋过海的辛酸，而北京王府饭店的蜕变、广州南海渔村和丽晶明珠的辉煌，则是他厚积薄发的展现。那时的广州美食江湖，和哥首屈一指，站在了人生事业的顶峰。

再成功的师傅，也只是一个职业经理人，对于十九岁就敢选择“逃港”谋生的和哥，这肯定不是他的人生终极目标。2005年，和哥受美国中餐协会邀请，参加“煮遍天下之美国篇”巡回交流演出。走过美国四十多个州后，他发现，美国中餐的水平比较低，有很大的发展空间。他看到了商业机会。于是，在巡回交流演出结束后，和哥便留美发展，与美国朋友合伙开办餐饮企业，打造了“厨房制造”“顺峰渔村”“澳门街”三大餐饮品牌。其中，“厨房制造”曾连续三年入选米其林推荐餐厅，是当时美国能连续三年被米其林推荐的首家中餐厅。

异国创业也有说不尽的孤独。2012年，和哥再次转换人生赛道，选择回国发展。人生已过半百，广州的美食江湖也已经发生翻天覆地的变化，此时在国内创业，还有没有机会？极具拼劲的和哥自信满满，与几个股东合伙投资3500万人民币，在略显偏僻的白云山同和，创办了“锦和尚品”中菜馆。36个房间，可容纳600人的宴会厅，一千多个席位的超大餐厅，在普遍不被看好的眼神中盛大开业。和哥证明自己宝刀未老，开业当月即盈利，三年赚回所有投资，即便是受疫情影响，所在酒店两次被列为隔离酒店，依旧年年盈利。用和哥的话说，只要没被禁止堂食，想不赚钱都难。

超大面积、位置偏僻，这些餐饮业的难题都被和哥破解。成功的关键，和哥首先归功于出品。锦和尚品的出品，还是坚持扎实的粤菜功底，属于传统的粤菜。前几天闫老师组局，和哥宴请，一席黄金石斑鱼和鲍鱼宴，一下子将美食体验带回到我熟悉的二十世纪九十年代：一鱼三吃。鱼头用天麻炖汤，料足火候够，这个前提下用清水炖而不是下

高汤或二汤，最大程度保留了鱼头的味道；炒斑球，这是和哥的拿手好戏，每一块鱼切得一样大小，一样的厚薄，目的是让它们同时熟，因为这道菜是以秒计算时间。鱼块稍为腌制入味，用平底锅煎至八成熟，再和其他配菜一起爆炒，焦香与多汁同时具备，镬气和鱼香结伴而来，这是经验对时间的准确把握。鱼的大小决定了不同的烹饪时间，这种老功底，江湖里已几十年不见，吃到这个菜，仿佛时间倒流了三十年；鱼腩、鱼尾和划水部分用海南灯笼椒和湖南剁椒合蒸，真的是“南上加南”。这几个部位主要是鱼皮和连接骨肉的结缔组织，主要成分是胶原蛋白，鱼味足的同时也略显肥腻。和哥硬是用风味霸道的辣椒将它们化成香气四溢、糯如琼脂的美味，只需略加吸吮，香糯尽入口中，尽情绽放。这种一鱼三吃，正是老广经济腾飞初期的风格和味道：既显霸气，又有主题，既有姿势，又有实际。

对食材的严格把控，和哥认为是另一成功因素。所有的食材，和哥要求源头要清楚，质量要符合要求，否则结果就是垃圾桶见。这种不妥协的极端做法，和哥说是要让采购人员感觉到心疼。几十年的从业经验，使和哥对食材的认识了然于胸，比如他有一道著名前菜“豉油王鸡脚”，豉油味浓，卤水味幽，鸡脚糯且有嚼劲，让人欲罢不能，吃了一个还想再来一个。虽然我们是世界养鸡大国，但国人对鸡脚的热爱也让鸡脚供不应求，于是大量地进口。这些进口冻品储存了多长时间？储存条件是否规范？这些直接影响成品的质量。和哥选用国产鸡脚，虽然成本高一点，但源头可控，储存条件和时间清楚，这就保证了成品的质量。

精准的市场定位，和哥认为是第三个成功因素。酒楼地处稍显偏僻的白云区同和，又是超大型酒楼，和哥给出的市场定位是做一个大众餐厅。要把一千多个餐位填满，菜品显然精致不起来，如精致餐饮般侍候着菜品，什么时候客人才有饭吃？在锦和尚品，菜都是大碟大煲上，这也满足了大部分广州消费者“大件兼抵食”的价值偏好。包房的设计也显得落落大方，这又满足了商务应酬对环境、面子的要求。价格还不贵，这与所在区域人们的消费水平相匹配。和哥念念不忘另一粤菜大师——师兄利永周师傅给他及时且关键的意见：在不被众人看好的情况下，利永周师傅在锦和尚品还在装修阶段来到现场，提醒他把宴会厅做大。如今，各种宴会和婚宴是锦和尚品的一个重要收入来源，早午市还可以开茶市，整个餐厅每天都熙熙攘攘，好不热闹。人气带来了财气，一个偏僻的餐厅，硬是被和哥弄成一个人气爆棚的餐厅。和哥戏称现在是年轻人的天下，上了年纪的他只能做山大王，我看他是暗地里一边数钱一边偷着乐。

从主厨转身为餐厅合伙人兼主理人，这是大厨们的梦想，也是一道难关。当主厨只需关心出品，当老板则要投身于经营。餐饮业是个低门槛的行业，有点资金，找来几个厨师和服务员就可以开张，但绝大部分餐厅却是亏本的。租金和人力成本这些固定成本远大于食材成本，有没有生意都得支付，几个月生意不好，就是一个大窟窿，每个月往里面填，看不到希望就只能关门止损，有多少家新餐厅开张，就有多少家餐厅关门。和哥的创业道路，从美国到广州，能走到今天，我看离不开一个因素：善待员工。

锦和尚品创办，和哥一声招呼，昔日的同事、徒弟就又来到他的身边，和哥说这些老伙计用起来得心应手。而主厨，他则找来他的徒弟阿国，阿国从月入二万降为一万二，与师傅还谈什么价钱！和哥其实记在心里，在餐厅八个月实现稳定的盈利后，说服股东们让出一部分股权给阿国，股本还从日后分配里扣除。当时负责公司网络兼跑腿打杂的秋仔，这种岗位公司不可能给到高的薪酬，和哥把他带到另一个公司，给他更广阔的天地。如今，和哥也创办了自己的熟食食品公司锦尚堂，秋仔也成了大总管，打点着店里的一切，有了自己的舞台。

如今的和哥，桃李满天下。他收徒，但从不收拜师费，更没有什么“卖身契”。他选择的徒弟，必须要人品好，尊师重道，无抽烟、赌钱、酗酒等恶习。他还要求徒弟们有耐心、勤奋好学，在他看来，做厨师，学会做一两道菜很容易，但要学精、学透就不是一蹴而就的事情，他希望自己的徒弟能够长久专注、坚持，真正把粤菜学好、做好并发扬光大。和哥对徒弟视如己出，虽然会严厉管教，但是也会关照到底，很有那种老派宗师的风骨。跟他学艺的徒弟，有的已经是各个餐厅的掌门人，有的已经获得了“米其林”“黑珍珠”“金梧桐”的认可。和哥说，徒弟超过师傅，这是常识，如今的世界，变化很快，弟子们获取的信息肯定比他多、比他广，如果教出来的徒弟无法超过他，说明他教得不好。

和哥的江湖地位，让人不敢随便靠近，但其实和哥是个和善之人，还段子不断。生活中的和哥，热情大方，也直率善谈。几个月前的一个宴会上，我坐在和哥、利永周师傅对面，和哥邀请我到他的餐厅坐坐，一句“不要看不起我们老人家”，让我坐立不安。我怎敢看不起这几位老行尊？实在是他们让我高山仰止，我怕和他们对不上话，况且我性格内向，不是一个主动的人。这次闫涛老师组局，和哥很是重视，弄来一条十几斤重的黄金石斑鱼，又拿来家里珍藏的两头南非鲍鱼，忙前忙后，侃侃而谈。印象中高不可攀的南厨宗师，其实是一个可爱且不老的老头，他很善解人意地邀请我和闫老师多到他的餐厅：“若有生意介绍，十分欢迎，若是你们自己请客，那就我来买单！”一顿饭，还吃出了一张终身免费饭票，虽然闫老师和我都不会拿出来使用。

今年已经六十五岁的和哥，还经常在后厨操持着，台前台后，里里外外，照顾得妥妥帖帖，仍然活力四射。他不仅熟练地操持着他的老功夫，而且还继续创新不断。就在那个晚宴上，一道“荷香肉”上来，让本来已经饱到心口的大家狂扫一空，貌似普通的广式腊肉，居然吃出叉烧般的感觉。这是和哥今年刚推出的新品：将腊肉用新鲜荷叶捆绑包住，其他交给秋风、阳光和时间，腊肉在荷叶内发生蜕变，汁水却留了下来，只需简单蒸煮，吃的时候剪开荷叶，美味扑鼻而来……

和哥不老，粤菜不衰，美食的世界，因为有着这些勤奋的行尊而精彩！

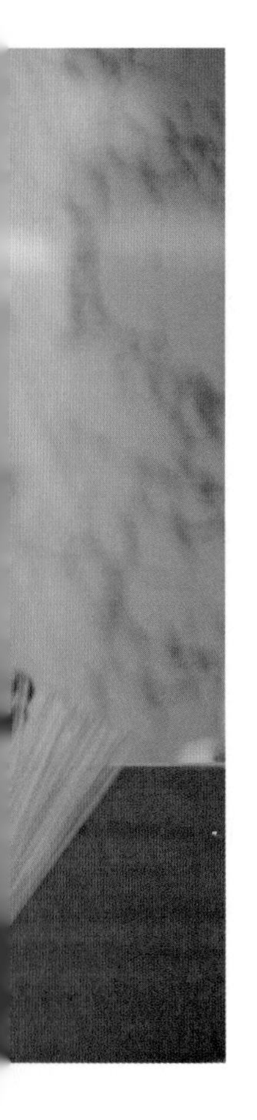

创新粤菜先行者陈晓东

2021年初，创新粤菜“跃”异军突起，收获了诸多荣誉，“黑珍珠二钻”“金梧桐年度餐厅”“米其林餐盘”……主厨陈晓东也从名不见经传一下子成为美食界的新星，获得了首个“黑珍珠年度年轻主厨”奖项。到广州品美食，“跃”成为一个不可或缺的选项。

哪来的一炮走红？为了这一炮，陈晓东可是做足了准备。

从烹饪学校毕业，陈晓东来到一个中餐厅开始他的厨师生涯。对中餐师傅来说，尽管科班出身，但要独当一面，还缺乏一个老师傅言传身教的过程，而这个过程的长短，取决于师傅们什么时候开心了、愿意教你几招。陈晓东的方法是提早上班，打扫卫生，做好各种准备，为师傅沏上一杯好茶，但这些方法不管用，仍然无法取悦师傅们。不抽烟、不打麻将的陈晓东，不是“脱离群众”，简直就不算群众，怎么可能入师傅们的法眼？心灰意冷的陈晓东选择离开这一赛道，改行去做西餐。

西餐是讲标准的，一个菜用什么主材、什么配料，如何操作，如何摆盘，清清楚楚，明明白白，需要的只是认真去执行就可以了，这让刚出道的陈晓东很是喜欢。这一喜欢就是十年，直到2017年的某一个晚上，陈晓东背后的男人出现。

这个男人就是他日后的搭档——喜客彪哥魏旭翔。那个晚上，彪哥与牛肉供应商老莫到陈晓东所供职的餐厅吃饭，陈晓东特地做了几块牛排，请教老莫有关牛肉的问题，在客人面前把自己不懂的一面大胆暴露，这种虚心和坦诚，给彪哥留下了深刻的印象。

缘分这个东西，让这两个男人走到了一起。在给彪哥留下深刻印象后不久，陈晓东离开了那个餐厅，因为十年如一日做几十道菜，他觉得遇到了瓶颈，于是尝试改变，去海南一个西餐厅任职。而此时的彪哥，也从传统餐饮投资中想着如何破局，带着“做一个研发厨房的想法”，

Seven

Yue
Chef Sever

陪着太太到海南度假。彪哥的朋友邀请彪哥去吃西餐，这个西餐厅，就是陈晓东任职的西餐厅，两个男人就这样在异乡相见。这次的不期而遇，让这两个男人火花四射：一个想做研发厨房，一个处于不安分期、想着改变。情投意合，不在一起都不行。于是，陈晓东辞去海南的工作，宁愿降薪，也义无反顾地投入彪哥的怀抱。

这两个臭味相投的男人，一开始其实根本没有方向。研发厨房，往哪个方向研发？那就到处看看，寻找灵感。他们用三年的时间，到全国各个觉得不错的餐厅、到世界各地品尝美食，也对自己的方向不断调整。先是在中餐分子料理左冲右突，然后又是中餐西做中不断调试，找来朋友圈里的朋友、媒体朋友不断试菜。这期间，是不断地受批评、否定、质疑，直到有一天，陈晓东做了一个“生猛鱼汤”——把鱼汤藏在鱼缸下面，只留一根吸管，上面是一个完整的鱼缸，几条鱼正在欢乐地游着。这个魔术表演般的恶搞，得到一致肯定，方向找到了：味道必须是粤菜的味道，表现形式要出其不意，令人脑洞大开。

方向对了，研发也从摇摆试错进入了快速发展通道。否定、质疑少了，认可、赞赏多了，试菜的“白老鼠”们经常问到“能否带朋友来，我们付费”。这两个男人意识到，商业模式可能已经成熟了。既然要玩，就来票大的，干脆把这种脑洞大开的做法就在客人面前近距离表演，就像刘谦表演魔术一样。他们决定借鉴日餐Omakase的做法，在国内首先推出“板前中餐”，于是有了第一张吧台，这是用十四天时间在一个会议室的基础上改造而成，“跃”就此诞生。从一张吧台，再扩大到四个房间 ，到一个大厅，“跃”一发不可收拾，好评多了，质疑少了，收入多了，免费请人吃饭少了。“跃”得到了市场的认可，这一炮，这两个男人和后面加入的袍哥、比利，一共准备了三年，而对于陈晓东来说，则还要算上之前的十多年。谁也不会随随便便成功，其中的付出、冒险和坚持，只有他们自己知道，尽管现在说起来云淡风轻。

创新需要灵感，为了灵感，他们踏遍万水千山。扎实的西餐功底，三年的考察游历，陈晓东对中菜西做，如何将西餐表现食材的先进方法了然于胸，但如何把传统粤菜经典挖掘出来，重新解构重建，这需要阅历，需要灵感。毕竟传统粤菜对陈晓东来说还是一个短板，况且，他背后的那个男人总拿着一个算盘，卖不出好价钱的菜会被否决。没有捷径，那就走遍广东各地去寻找灵感。于是，湛江的羊，潮汕的紫菜、鱼饭，汕尾的生蚝，清远的鱼汤，台山的黄鳝煲，客家的香芋扣肉，广州的鱼香茄子，都有了翻天覆地的表现——各种异想天开的菜被送到客人面前，外表如此陌生，味道又如此熟悉。创新，意味着永远停不下脚步，刚创造出来的作品，从它被推到客人面前那一刻开始，就已经成为了“老菜”。既然选择了这条路，不断折腾就是必然，想要金山银山，就需要踏遍万水千山，想要客人满意，就需要对自己永远不满意。所幸的是，这些基因，这两个男人都不缺，所要付出的代价，这两个男人都毫不犹豫。

创新，需要不断学习，行万里路是学习，读万卷书是学习，不耻下问也是学习。当下讲食物和烹饪的书籍、网络信息很多，但总有一些不靠谱的想象和发挥，在这些纷繁复杂的信息中找到有用的知识并不容易。我看到陈晓东师傅认真求知又仔细分辨的一面，在某一本书中看到某一个有疑惑的信息，他会和我电话沟通，这在我所接触到的厨师界，仅此一人。最近广州疫情局部暴发，“跃”停业了十几天，我邀请陈晓东师傅到“一记味觉”吃饭，请林师傅做几道传统潮州菜给他品尝，他被其中的一道“梅膏酱蒸三鯬鱼”迷住了。饭后他和我探讨这道菜的逻辑：三鯊鱼脂肪含量丰富，优点是香，缺点是腻，梅膏酱的酸刚好解腻。三鯊鱼有季节性且不易得，如果换成挪威的鳕鱼，也是不错的选择。我建议他还可以考虑用西餐的烤，日餐的立鳞烧代替中餐的蒸，陈晓东师傅连连称是。于烹饪实践方面，我并不专业，但即便对着我这个门外汉，陈晓东师傅还如此谦恭，这样的师傅，不成功都不可能。

创新需要团队的共同努力。“跃”的核心管理团队“四大金刚”本身就年轻，执行团队六十多号人更是清一色的年轻小伙子和小姑娘，这群朝气蓬勃的年轻人，不仅仅负责执行，还参与到创新。为了营造创新气氛，“跃”每一季会举办一次“菜品创新大赛”，由副主厨们带队，挑选队员组队，食材不限，全由公司付款，做出有汤、有主菜、有甜品的一桌菜，进行内部竞赛，陈晓东师傅作为总评委，赛前不干预，也不指导，但会进行赛后点评，与团队小伙伴们共同探讨改进方法。深受传统师徒传授模式困扰的陈晓东，正用他的共同探讨模式，培养着“跃”这支年轻的团队。

作为一个有着近乎强迫症的处女座男，办公室里的东西都被他整理得整整齐齐，如果有人动过，都会被他发现，并表示出不爽，一定要摆回来。这种偏执表现在产品上就是近乎完美的执着，对于每一种味道的标准，他必须把控到将微乎其微的差别都排除在外。任何东西都必须对称，稍微有一点偏差他都要挪回来。性格里的严谨，也决定了陈晓东师傅语言表达的谨慎，但上嘴部位的那颗痣，又决定了他本应该是个“话痨”。这一矛盾使得与陈晓东师傅聊天特别好玩：多数情况下，他不发言，在心里打着无数的草稿，分列了“一二三四”，一旦开口，就滔滔不绝，真是“不鸣则已，一鸣就收不住”；更多的情况，他是在那里憋着，露出他那万梓良式的深沉与微笑，迷死了城中一众贪吃的富婆和少妇。

迷人归迷人，但陈晓东师傅是一个不折不扣负责任的好男人。餐饮人的时间与正常人本来就不同步，空闲下来他脑子里还满是如何创新，陪伴家里人的时间就少了。为了弥补这个缺憾，只要在广州，他都坚持每天七点送两个孩子上学，既可以与孩子交流，又减轻了太太的工作量。这意味着餐饮人喜欢的消夜，他就无福享受了，即便偶尔参加，也会提早离场。这么一位时刻克制的好男人，在他的人生字典里，不知有没有“尽兴”两字?

一个自律又对自己永不满足的男人，背后还有一个与他有同一追求的男人支持着，将粤菜创新的任务交给他，我觉得靠谱。如果他把粤菜功底稍微薄弱这一短板补齐了，前途不可限量。

对了，说了这么久，可能很多人还对不上号，陈晓东究竟是谁?没错，就是“跃”“焯跃”“潮跃”那个行政总厨Seven，人称“柒哥”。我看好他，不久的将来，他就是扛起粤菜的旗手之一。

厨房里的艺术家侯新庆

在见到侯新庆师傅本尊之前，我和广大吃货一样，都是从《舌尖上的中国》和《风味人间》见识到侯师傅的。细如发丝的文思豆腐，从黄花鱼喉咙里取出整根骨头，黄花鱼却完好无损，这简直就如魔术表演般魔幻。

淮扬菜最重刀工，被称为“淮扬刀客”的侯师傅，刀工之精湛当然不在话下，但这只是侯师傅扎实基本功的冰山一角。侯新庆十七岁入行，进入扬州市肉联厂食堂做学徒，十分刻苦勤奋。那时他每天的工作内容是洗菜、拖地和烧煤炉，手闲下来的时候，侯新庆会盯着食堂师傅炒菜，毫无基础的他没两天就记住了炒猪肝的做法，小试牛刀，还获得了肯定。1990年，侯新庆考入江苏省商业专科学校，就是现在大名鼎鼎的扬州大学旅游学院，虽然是艰苦的半工半读，但侯新庆在课余，却利用边角料苦练刀工。从扬州大学毕业后，他辗转了好几个小饭店。回想过往，侯师傅认为，那些年在小饭店的积累，对他很重要，“小饭店的厨房很小，一般只有两三个人，打荷、切配、掌勺、炉案碟点什么活都要干，什么都要学会”。正是在小饭店得到了多工种、全方位的技能锻炼，打下了扎实的基本功。

看一个师傅的基本功，精湛的刀工，煎炸炒煮炖等烹饪手法样样娴熟，这只是表面的，吊汤才是基本功的灵魂。淮扬菜对于汤的讲究有三吊汤：用老母鸡、排骨、筒子骨熬制出基础汤，再加入鸡骨头碎，此为一吊；加入鸡腿肉茸，此为二吊；加入鸡胸肉茸，此为三吊。经过三臊提纯，汤汁过滤，就得到一锅清澈透明，富含游离氨基酸，鲜味十足的高汤。在做饭之前用几个小时侍候这锅汤，还貌似没有肉眼可见的效果，这是现在很多厨师不愿意去做的。但这却是侯师傅每天上班要做的第一项工作，日复一日，年复一年。

基本功的练就，没有任何捷径，熟能生巧就是唯一的方法，这方面侯师傅对徒弟们要求特别严格，为了让徒弟们练得熟，侯师傅用最原始的办法——多次地教，“一道菜的培训会有数次，认真及耐心地让他们去理解传统及创新，也会经常跟他们交流心得，畅所欲言，这样会让他们更快地提高对菜肴的认知度”。

有了扎实的基本功，创新就是附加题，保证了出品只会是100＋。比如侯师傅坐镇的南京香格里拉江南灶的名菜“鱼头佛跳墙”。佛跳墙本是闽菜，鲍鱼、海参等名贵食材共冶一炉，内料丰富得很，但海参没味又难入味，侯师傅用鲁菜葱烧的方式解决这一问题；又将六斤以上的天目湖大鱼头用淮扬菜的做法，鱼头去骨，满满的胶原蛋白带来软糯和满足，谷氨酸和核苷酸带着厚重的鲜，满满一大盆，情真意切，醍醐灌顶般的味觉重击，令人陶醉。以淮扬菜为基础，将鲁菜、闽菜两种风格叠加在一起，甫一亮相，就是满堂喝彩。

侯师傅在“马爹利美食剧场”展示的“神仙蛋炖生敲”，这道菜的原始版本是一道南京的老菜炖生敲，传统的做法是将鳝鱼去骨，用刀背敲松炸酥，再加高汤小火慢炖。侯师傅在这个基础上做了加法，在江南灶的第一个版本是加了一个神仙蛋，所谓神仙蛋，就是酿入肉馅的虎皮蛋；而在马爹利美食剧场呈现的版本是向学西餐的儿子侯益伟学习：用东台的鳗鱼代替黄鳝，口感更加肥美；用分子料理的技法，将南瓜处理成蛋黄，文思豆腐做成蛋白，通过低温慢煮做成半凝固的温泉蛋形式，再用淮扬菜手法制作酥皮为壳，你说惊不惊喜？意不意外？这类创新，都是在淮扬菜的基本功上做加法，逻辑清晰，“N”很坚实，后面的“+”符合逻辑，造就了无限的可能。

在传承的基础上不断创新，这是侯师傅一直在做的事，这源于他有广阔的视野，也与侯师傅丰富的工作阅历不无关系。从扬州大学毕业后，侯师傅很快就在扬州当上了主厨，后来又被挖到了江阴包厨房、再又回到扬州开餐厅。侯师傅一路顺风顺水，但他心里清楚得很：自己不能止步于此，只有到北京、上海这些大城市继续历练，征服那里的食客，才算是个真正的大厨。

2003年，香港著名影星何莉莉在上海的淮扬菜餐厅福禄居招厨师，侯师傅放弃眼前的安逸，勇敢挑战未来的不确定性，离开扬州到了上海。何莉莉是香港船王赵世光的妻子，身家百亿，吃过见过，对每道菜出品要求极高。“福禄居”的每道菜，她都要亲自试菜，试到满意还不行，要试到炒十次，十次都一样稳定才行。在刁嘴老板兼食客的严格训练下，侯师傅技艺日益精进。对这段经历，侯师傅念念不忘。

不追求舒适环境，勇于接受挑战的侯师傅，2005年又应邀远赴刚刚新建成的中山香格里拉酒店，自此，侯师傅开始从社会餐饮走向酒店餐饮，接触到一个全新的世界。2008年，香格里拉总经理把侯师傅调到了北京中国大饭店，在这里，侯师傅不仅留下了大量的名菜，还把自己的好名声留了下来，传播到全中国——中国大饭店不远就是中央电视台，敢于接受挑战的侯师傅，上了央视的美食节目《天天饮食》，接着又是《中国味道》《厨王争霸》《厨类拔萃》等节目，成了美食节目明星厨师，而把侯师傅推上顶峰的则是陈晓卿老师。那时还在央视的陈晓卿老师拍《舌尖上的中国》，让侯师傅露了个脸，那是一个切文思豆腐的画面：将柔软的内酯豆腐，心手合一，切成毛发粗细，在高汤中润开，如山水画一般。唯美的画面，征服了全国吃货，侯师傅因此被誉为“淮扬刀客”。

2014年，侯师傅荣归故里，来到了新开业的南京香格里拉担任中餐行政主厨。香格里拉在这里给他足够的空间，成立“侯新庆工作室”，更丰富的食材、更多的交流借鉴、更大的自由度，以及过去二十多年从厨生涯的积累，他的菜品在此时出现了风格上的质变。那些经典淮扬菜的基础上，他又博采众长，推出了一系列创新的名菜。此时的侯师傅，已从一名大厨进阶为一名厨房艺术家，各种创新源源不断。

丰富的职业生涯，让侯师傅走遍万水千山，而摒弃门户之见，才能发现别人的优点，从而形成自己的风格。著名的“江南灶红烧肉”，就是侯师傅在总结各地红烧肉的特点基础上，博采众长，兼容并蓄，而创造出来的。“湖南毛氏红烧肉满齿咸辣，上海本帮红烧肉浓油赤酱才足够细腻，杭州东坡肉需要一坛上好的黄酒，扬州的红烧肉色淡味甜重冰糖”，总结了各地红烧肉的特点，侯师傅根据淮扬菜讲究食材的时令性，在红烧肉中根据季节替换而加上不同的配菜：春季配春笋，夏季加土豆，秋季上板栗，冬季则变为萝卜。与其他餐厅相比，江南灶的红烧肉貌似没有什么特别之处，实际上却大有乾坤。以冬季配菜萝卜为例，在制作时，江南灶并非将萝卜与猪肉一同红烧，而是将猪肉与萝卜分开烹制，再用肉汁去烧萝卜，最后在猪肉收汁时放入之前的萝卜。萝卜吸收了肉汁，香甜又不失本身的清爽，肉块则纯粹干净，软糯入味，肥而不腻。

一部《随园食单》，就是淮扬菜的集大成，袁枚在序中说：“‘子与人歌而善，必使反之，而后和之。’”“余雅慕此旨，每食于某氏而饱，必使家厨往彼灶觚，执弟子之礼。”大意是说：孔子与别人唱歌，若别人唱得好，一定请他再唱一遍，然后自己跟着他唱和；我十分敬仰这种学习精神，每次在别人家品尝到美味佳肴后，都会让家厨前往拜师学艺。侯师傅就是虚心向他人学习的践行者。去年“凤凰网金梧桐广东美食榜”在深圳举办，受大董先生邀请，我们中午先到大董万向城店一聚。初次见到“活生生”的侯师傅，我们斜对着位而坐，我自报家门与侯师傅套近乎，侯师傅露出了他真诚而谦恭的微笑回应。对中国人来说，长条桌吃饭，确实不便于交流，倒适合于谈判，但一个微笑，已可以看出侯师傅的谦虚。随着一道道菜推出，侯师傅认真地拍照，发出阵阵的赞许，可以听出来，那是发自内心的。

谦虚的侯师傅，并不擅于侃侃而谈，更多的时候他在当一个倾听者。与侯师傅第二次见面，那是在去年“凤凰网金梧桐江浙地区美食榜”，主办方二狗兄相约中午在“江南渔哥”蔡哥那里一聚。喝茶的时候，与侯师傅紧挨着，侯师傅基本上是一问一答，简直是小心翼翼，幸好过几天我们还约好了一个饭局——我报名参加了美食家小宽老师组织的淮扬菜品鉴学习团，其中一站就是吃侯师傅主理的江南灶。

到了江南灶，其实也没什么机会可以从侯师傅口中挖出点什么。只要回到江南灶，侯师傅就整整齐齐地穿上厨师服，亲自下厨，忙前忙后。深信“一热胜三鲜”的侯师傅，为了让大家尝到味道与温度的最佳组合，甚至自己把一大锅菜端上餐桌，或者为大家分菜。所有菜上齐，宴席到了尾声，侯师傅又出来请大家给菜品提意见。大家请侯师傅给每个人的菜单签名并合影留念，侯师傅露出腼腆的微笑，整理好厨师帽，认真地配合，把自己当成一个吉祥物。

我决心近距离地接近侯师傅，了解侯师傅。借“凤凰网金梧桐美食盛典”在上海举办，侯师傅是当天晚宴的主厨，我们又有机会见面。我通过刘新华大哥，约了侯师傅第二天晚上一起聚餐，人不多。本来只有刘新华大哥、侯师傅和我，刘大哥又约上了香格里拉中国区文志平总经理，我拽上了闫涛老师给我壮胆，心想这下总可以从侯师傅口中掏出点什么吧。事实证明，这样貌似精心的设计，效果并不理想：新华大哥话匣子一打开，根本收不住；闫老师冠绝全国的语速，说话都不带标点符号的，酒杯一端，全跑题了；而侯师傅，则一如既往的腼腆，任凭大家怎么夸，他不是“哪里哪里”就是“过奖过奖”。看来，不仅使人进步，谦虚还使人保守秘密。要了解侯师傅，只能通过品尝侯师傅的作品，才能找到其中的密码了。

如今的侯师傅，虽然名声大噪，但每天仍然穿着整齐的厨师服，辗转于灶台之间。作为香格里拉集团区域中餐行政总厨，主要的精力在于培养年轻的厨师和江南灶餐厅的菜肴创新及研发。随着全国各地香格里拉酒店更多江南灶的出现，大家也可以更容易尝到侯师傅研发出来的淮扬菜。侯师傅一有机会，也会到处学习其他菜系，熟悉及寻找各地的原料及烹饪手法，再融会贯通，呈现出不一样的淮扬菜，在传统的淮扬菜基础上不断提高，以适应现在不断求变求新的消费者。

可以看得出来，这几年，侯师傅也在着力培养儿子侯益伟。小侯师傅学的是西餐。侯师傅认为，年轻一代消费者的消费需求，需要年轻的厨师做出有自己独特风格的产品去满足，未来的餐饮业，融合是大趋势，不管什么菜系，都要系统地学习、琢磨、研发，未来的主厨，更要学习厨房和前厅管理，成为一个综合性的人才。在马爹利美食剧场，我吃过侯益伟师傅做的甜品，确实是创意十足，年轻师傅的无限创意，如果对接上侯师傅扎实的基本功，前途无可限量。

朋友圈中，几乎隔几天就可以看到有人又尝到侯师傅研发出来的新菜。基本功扎实、创意无限、谦虚实诚的厨房艺术家侯新庆师傅，简直如魔术师般，让淮扬菜展示出无穷的魅力。

“朗”来了
——厨房里的哲学家罗朗

央视影视剧纪录片中心 历时两年制作的美食人物纪录片《厨房里有哲学家》，今天播出了第一集，介绍的是广州朗泮轩主理人、美国人罗朗。播出此刻，我和闫老师、何文安老师就坐在朗泮轩，罗朗进进出出，出去是做菜，进来是讲他做这道菜想表达的意思。

罗朗的英文名是Michael D. Rosenblum，我们叫他Michael。他的中文名罗朗，源于他的姓Rosenblum中的"Ro"和"lum"，这个在上海师范学院和清华大学留学的中国通，取个名也是朗朗上口。他的餐厅在广州沙面一幢欧式建筑的顶楼，取名朗泮轩，"朗"就是他自己，"泮"是水边的意思。沙面岛珠水环绕，命中缺水的罗朗，相信这个地方取这个名字，会给他带来好运。

是的，中国文化的一切，他都喜欢，而且深信不疑。朗泮轩的大堂，就摆着一尊陶瓷的观音菩萨像，他会每天上香，"感谢观音菩萨帮忙"。他收集了中药房的药柜，里面放着中国各地的茶叶，到朗泮轩喝下午茶，几乎可以喝到全中国的茶叶，而且都是罗朗收集的。那些陈旧的家具，没有任何时尚感，罗朗当它们为宝贝，用来做餐桌和装饰，而你在朗泮轩用到的餐具，有可能是几百年，也有可能是上千年，可能是一个完整的碟，也可能是一个残缺的碗，或者是一块瓦片，但一定充满了艺术美感。到朗泮轩，你需要放慢你日常匆忙的脚步，安静下来，与历史、与文化、与食物对话，而不只是吃一顿饭。

罗朗喜欢上中国文化和中国美食，这与他人生经历有关。从小受校园霸凌的罗朗，为了防身，被父亲送去学咏春拳。咏春拳这种柔中带刚、游刃有余的自由，让罗朗为之向往，而在这里尝到的第一口岩茶这种中国味道，令他为之着迷。十四岁到唐人街中国餐馆打工，接触到中餐，从此一发不可收拾，到烹饪学校学厨艺，中学毕业就到上海学中文，学各种技艺，考各种证书，既是厨师，又是面点师、茶艺师。中餐师傅里，对中国传统文化最熟悉的，比如“四书五经”、唐诗宋词，非他莫属。美国驻中国大使官邸总厨、管家，顶级酒店、餐厅主厨这些经历，他不认为有多么了不起，而做有灵魂的菜，开他自己风格的中餐厅，才是他所追求的“自由”。

好吃，好看，这是衡量一个菜的主要标准，罗朗认为这些因素是最基本的，做出“有灵魂的菜”，才是他想要的。如何做出有灵魂的菜呢？“到人民群众中去”“拜人民群众为师”“向人民群众学习”，这些我们听到耳朵起茧的口号，罗朗却用自己的脚步在践行，虽然他不一定听过这种口号。2010年，罗朗开始了他在中国的远行，去了内蒙古、宁夏、甘肃、青海、新疆等地方，又有一次他一路往南到四川、云南、贵州、广西、广东……寻根各种食物的发源地，跟当地老师傅学传统手艺，并以此为来源，创作出一道道他理解的中国菜。

像“喀什之夜”，这是一“套”菜——用宁夏滩羊做的羊排，自己动手烤的馕，用巴基斯坦大米、吐鲁番葡萄干、黄萝卜和羊臊子做成的手抓饭，还有一小杯西域酸奶。宁夏滩羊不膻，除了品种是来自于短链脂肪酸和支链脂肪酸含量较少的蒙古大卷尾羊外，还因为它们吃着盐碱地长出来的水草，这些草富含硫化物，刚好可以分解膻味的短链脂肪酸和支链脂肪酸。羊肉先在苹果木炭烤，再抹上土耳其浓缩石榴汁，极佳的温度把控，羊肉细嫩多汁，鲜甜不腻，这缘于罗朗走遍了中国主要产羊区，准确地选到了中国最好的羊。而如一只小碟般小巧精致的馕，朗泮轩当晚只做了四个。为了学做馕，不懂维吾尔族语的罗朗，在新疆举着“我是个厨师，我想跟你学做馕”的维吾尔族语牌子一个月。精诚所至，金石为开，罗朗如愿以偿学到了做馕技术，还临摹到美丽的馕模图案，依样画葫芦地做出了馕模。

这套菜倾注了罗朗的心路历程，被罗朗认为是他“吃过的最好一顿饭”。那年，罗朗骑自行车游历完兰州和青海后，挤上了去乌鲁木齐的火车，站了四十多个小时，到了他向往的喀什。不巧的是，到喀什的那一天傍晚，又累又饿的罗朗出来觅食，却碰到了斋戒期，所有餐厅都关门，是一家维吾尔族人把他拉进屋里，请他吃的晚饭，这顿晚饭就是羊肉串、手抓饭、馕和酸奶。罗朗用他的这段经历和他的理解诠释何为一顿好吃的饭——除了食物本身，还与当时的需求、处境、心情等因素有关。做这道菜，他用上了他的真情，这已经超越了厨艺之外，焉有不好吃之理！就厨艺而言，也真好吃，罗朗不是复制当时吃到的那顿饭，而是用自己的手法做出了“罗氏喀什之夜”。除了羊肉考究，手抓饭用的是巴基斯坦大米，超多的直链淀粉，根本不会粘连，带来干爽的口感，而那一小杯西域酸奶，居然是朗泮轩自己做的。

罗朗的菜，还充满着对中国文化的思考和致敬。朗泮轩根据一年二十四季出二十四个菜单！去年立冬时节，我吃过他的“蟹会”：起锅烧油，放入切碎的干葱爆香，将清洗干净的花蛤放进去，待花蛤壳张开，汁水流出时加入一勺绍兴酒，盖上盖子，让蒸汽给花蛤加热7—8分钟后熄火，待冷却取出蛤肉备用；将贝壳扔回锅中，加水，连同花蛤汁加盖煮30分钟，滤出高汤；将蟹蒸熟，取出蟹肉备用，同样方式用蟹壳熬出蟹壳高汤；花蛤壳高汤和蟹壳高汤按1∶1比例放入米中，作为高汤熬制成粥。粥熬好后，加入细葱碎和新鲜蟹肉制成米铺羹；取出的蛤蜊肉在贝壳内陈列出漂亮的扇形，下方放置海盐，加入新鲜莳萝叶和莳萝油，再配以葱花饼。一碗蟹肉米铺羹、一扇花蛤肉、一团葱花饼，三者一起就是“蟹会”。吃的时候将贝壳里的所有东西倒进米铺羹，搅拌均匀后就可以吃了。

这道菜创作灵感来自于明清之际的史学家、文学家张岱的《陶庵梦忆》里的“蟹会”。张岱的原文如下：“食品不加盐醋而五味全者，为蚶，为河蟹。河蟹至十月与稻粱俱肥，壳如盘大，坟起，而紫螯巨如拳，小脚肉出，油油如螾愆。掀其壳，膏腻堆积，如玉脂珀屑，团结不散，甘腴虽八珍不及。一到十月，余与友人兄弟辈立蟹会，期于午后至，煮蟹食之，人六只，恐冷腥，迭番煮之。从以肥腊鸭、牛乳酪。醉蚶如琥珀，以鸭汁煮白菜如玉版。果蓏以谢橘、以风栗、以风菱。饮以玉壶冰，蔬以兵坑笋，饭以新余杭白，漱以兰雪茶。由今思之，真如天厨仙供！酒醉饭饱，惭愧惭愧。”罗朗来了个蟹与蚶的组合，加入了米铺羹和莳萝，好吃、好看，还让人引发了对那段历史的沉思。

罗朗的菜，还包含了他对人生的哲学思考。根据二十四季时令菜出菜单，这已经很不容易，对罗朗来说，“不时不食”还不只停留在口舌之欢的初级阶段，他要带大家进入深层次的哲学思辨中。比如“小满”这个菜单，三个前菜中的鱼皮，就很有意思。粤菜中的鱼皮，酸爽鲜脆，这点不难做到，但罗朗用的醋是自酿的桑葚醋，柔美的果酸，温柔体贴，黑白相间的鱼皮，被装扮成花蕊，而“花瓣”，居然是罗朗捡来的木棉花，尽管已经过了季节，但经过腌制保鲜修剪，惟妙惟肖。罗朗用这个方式告诉大家：春已逝，与其留住春天，不如爱惜春天。“槐花豆花”，最下面白色的是黄豆浆做的豆花，中间的绿色是蜜豆豆荚做的菜泥、用新鲜枇杷榨出枇杷汁做成的果冻，最上面的是干贝丝、火腿丝、蜜豆粒和向老广滑蛋致意的圆润蛋白，还少不了一小撮槐花。小满季节，正是春夏之交，这样的组合，除了好味道，还春意盎然。这个中国通，居然用了一个谐音梗，让槐花寓意怀念，表达对即将逝去的春天依依不舍。而从嫩豆到豆荚再到黄豆，他将豆子的生长过程完整表现，让你在一匙一勺之间体会生命的神奇，至于其中的哲学思辨，则交给了食客。

我们吃一顿饭，“好不好吃”就是最直观的评价，这种评价每个人都可以不需要认识主厨就做出独立判断。但是，吃罗朗的菜，如果不了解罗朗，你还真吃不懂他的菜。这是因为，罗朗的每一道菜，都有一个故事，都有他的观察和思考，或者有他对这道菜在食材或烹饪上文化方面的理解；罗朗的每一道菜，想表达的不仅仅是好吃，更是他想向客人传递他对这道菜里面所蕴含的中国文化的理解。

罗朗一直在思考，用他的方式做他想表达的中国菜。在朗泮轩，酒和酱料都是自己酿的，没错，连酱油、豆瓣酱都是，用心做菜的人，不会吝惜自己的手工和时间。他精通中西烹饪，在两者间自由转换，但味道一定是中国的。他也没有那么多条条框框，倒是左冲右突，自由自在，做出他想要的罗氏风格中餐。

善于思考的人，往往不善于言辞，罗朗一口比我还标准的普通话，熟络后倒是可以聊得来，但也仅限于美食和中国文化交流，而应酬对滴酒不沾的他来说，简直是要了他的命。每次到朗泮轩，可以看出他由衷的高兴，大概是把我当成懂他的人的缘故，但他宁愿进进出出，也不愿意坐下来陪你吃一顿饭。对他来说，一顿饭的时间用于客客气气、互相吹捧，简直就是一场灾难。

开一家自己的餐厅，这个愿望罗朗实现了，但真的生不逢时，朗泮轩就是随着疫情一起诞生的，这两年多，罗朗一直用自己的其他收入养着朗泮轩。罗朗也不是个生意人，一说到生意，他就显得腼腆又局促。我一直担心，在最没有成见、最具包容性的广州，有没有足够多的人可以吃懂罗朗的菜？真怕广州辜负了罗朗。

到朗泮轩，如果只冲着“吃顿好吃的”，可能会有点失望。毕竟人均两千的消费，只从味觉体验上讲，他们没有优势，但如果可以静下心来，好好体验这顿饭的美好，你一定会满意。

既然“朗”来了，希望能留得住，过得好。

美食掌舵人

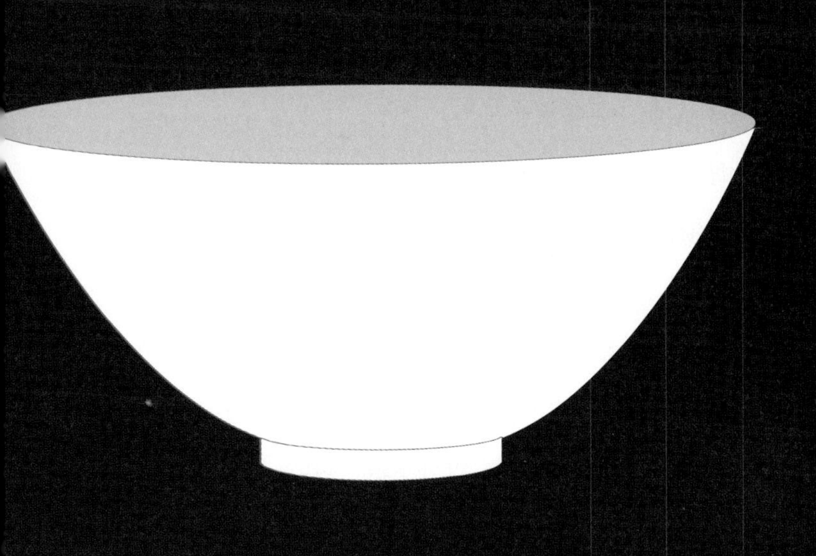

米其林收割机张勇

我称呼张勇为勇哥，倒不是为了套近乎，美食圈基本都这么称呼他。和我同龄的张勇先生，在餐饮业是当打之年。二十多年的从业经历，三十多家店，每开一家店都盈利，并拿下国内首家米其林三星的中餐馆。这样辉煌的战绩，奠定了其业内大哥的地位，这个“哥”，恰如其分。

与勇哥认识，是在闫涛老师组的局上。勇哥来广州考察市场，我在一记味觉设午宴接待他，闫老师叫来了广州餐饮圈的几位老铁作陪。第一印象的勇哥，一身休闲服，精明精干，没有多余一句话，客客气气。我问勇哥：“此行目的何为？”勇哥答曰：“来广州吃几顿美食，向优秀同行学习。”我再问：“有什么可以帮到你的？”勇哥答曰：“谢谢！还想吃一顿德厨。”我说：“德厨今晚已经安排好了，但晚上有其他活动，就陪不了你了。”勇哥说：“谢谢！你安排好了就行，其他你不用管我了。”一问一答，用词简洁得多一个字都没有，就如外交部的记者会。闫老师作为一个组局者，当天似乎也完全废了武功，平时桌上

妙语连珠的他，也好像江郎才尽，无话可说，只是频频地指挥大家向勇哥敬酒。勇哥来者不拒，频频举杯，只是象征性地抿一口。平时斗酒甚欢的闫涛老铁团，也乖乖地轮流上前敬酒，勇哥随意，自己干杯。这顿饭，秩序井然。

以我的经验判断，勇哥绝对是社交高手，之所以欲迎还拒，往好听里说，是与同行们保持一种可互相尊重的距离，往不好听里说，是不想花太多时间混这个圈子，因为他没有这个时间。他的时间去哪了呢？

挖掘食材，研发菜品，这占用了勇哥大量时间。就在这顿午宴之后，我安排了勇哥到德厨吃饭，他吃到了白灼羊双弦，饭后微信我，除了致谢，还向我请教羊双弦究竟是羊的哪个部位。其实我也不是很懂，只能告诉他羊双弦是羊第三个间隔瓣胃的胃蒂，也就是羊胃最厚的部位，这个部位没有杂膜，也没有筋络，结缔组织极少，其口感十分爽脆鲜美，每头羊只有二两左右。这时的勇哥，似乎有好多话要说，但可能大家不熟，所以也就到此为止。做菜品研发，这是勇哥最喜欢也最投入的工作，他在哪里尝到一道菜，总会琢磨着怎么变成荣家的风格，打上荣家的烙印。传统的佛跳墙，各种高级干货的组合，用鸡肉增鲜；新荣记的溪鳗佛跳墙，让溪鳗鱼给本来没有味道的花胶、海参提鲜，海参还加上鲁菜的葱烧做法，硬生生把一道闽菜加上了鲁菜的烙印，还变成了台州风味。榴莲冰淇淋，这是好酒好蔡的原创加镇店甜品，新荣记加上了烤红薯托底，这个土洋结合堪称奇思妙想。每道菜，勇哥就这么出创意，和厨师团队一起研发，他就是新荣记的灵魂，他才是新荣记的主理人。从新荣记走出去的厨师也不少，会做新荣记的菜也不在少数，但这些都无法威胁到新荣记，因为勇哥不可能被挖走。

打磨新店、打磨团队，这也占用勇哥的大量时间。二十多年开了三十多家店，平均一年一家多一点，这个工作量不算大。问题是，勇哥对每家店的要求都不一样，他希望每一家店有自己的风格，做到一店一味，没有达到他的预期效果还不让开业，这就牺牲了效率和时间，在与自己较劲了。比如拿下米其林三星的北京新源南路店，仅是空间设计，就让勇哥纠结了一两个月；音响装好了，勇哥发现在不同角落声音大小不一样，居然全部拆掉换成BOSE音响。一个月的租金和人工就超过二百万，但在勇哥这里，这些都不需要考虑，他要考虑的是各个细节尽善尽美。香港新荣记，一开始从食材的采购到服务细节，勇哥都亲自抓亲自管，十个月的筹备，到三个月的开业初期，他都待在香港。每新开一个店，他都像照顾新生儿一样细致用心。如此投入和认真，餐饮圈中没人能够做到，花这么多时间在公司上，他哪还有时间用于应酬?

几乎把所有时间都投入到经营和研发上，这种对事业的一片痴心，才能使新荣记开一家成功一家。比别人更努力，比别人付出更多，相信很多人也愿意，但为什么新荣记可以这么成功呢？我认为，不计成本追求极致食材，是新荣记取得成功的另一个关键因素。黄鱼是新荣记的招牌菜，同一海域的黄鱼在不同季节表现并不一样优秀，况且还有休渔期，在野生黄鱼日益枯竭的今天，如何保证供应链的稳定，这可不容易，但新荣记做到了。貌似普通的年糕、豆腐，每天由专门店生产后空运至各店，连杨梅都有自己的供应基地。这种对食材的极致追求，放眼全球餐饮，我还没听说过有第二家。今年七月，我参加云南的菌菇考察之旅，到云南菌菇市场转了一圈，活动的最后一站在某个批发商门口集中。原本三三两两的人围拢在一起，只是因为听到了一句“这一家就是负责给新荣记供货的”，能够成为新荣记的供应商，已经是品质可靠的代名词。在北京，曹涤非老师介绍两位朋友给我认识——后来成为“辉

尝好吃”的骨灰级忠实粉丝，看我写了一篇带鱼的文章，他们悄悄告诉我，原来他们就是新荣记带鱼的供应商之一，这马上令我刮目相看，肃然起敬。他们寄几条新荣记带鱼给我尝尝，我坚持付费收款了再给地址，尽管明知他们只是象征性地报个价应付了我的“认真”，但“新荣记供应商”这一点还是让我放弃了较真，假装一手交钱、一手交货。吃过了这种带鱼，我终于知道，除了有渤海带鱼、东海带鱼、南海带鱼，还有一种叫“新荣记带鱼”。骨灰级粉丝时不时还想给我寄来，但被我拒绝了，休渔期由日本渔船海钓再保鲜空运，这种奢侈的食材，尽管我家也还吃得起，但日常生活不应追求如此奢华。新荣记的餐厅有这样的追求，才能创造出如此极致的菜品。

肯花时间、肯花钱，也不一定就能成功，天赋这个因素，也是避不开的话题。这个世界确实有超级美食家，他们的味蕾特别发达，大多数人吃嘛嘛香，但他们能够吃出个甲乙丙丁、子丑寅卯。《晋书》记载，西晋尚书令荀勖，吃饭时能吃出饭菜是由旧木头烧的；一个叫苻朗的，能吃出盐是生的还是炒过的，鹅是白毛的还是黑毛的。勇哥如果生活在那个年代，估计也会被记上一笔。他对食材，对好不好吃这个感觉，确实有异于常人的天赋，更了不起的是，他还能把吃到的某个菜复制出来，稍加改进变成自己风格的菜。对餐厅环境的设计里，连外地客人带着行李来打卡，给客人留出存放行李的细节都考虑到；对服务细节的调整，他十分在行，这些都是他轻易摘得米其林的关键因素。新荣记的服务是国内餐厅首屈一指的，举几个例子：我带着一帮朋友去新南源路店用餐，最后的甜品榴莲雪糕实在太好吃了，我的朋友、大胃王、“中国碰瓷协会会长”傅煜在吃完他那份雪糕后，以“我的雪糕最后上，都融化了”为由，想讹多一份，服务员连说“对不起”，飞快地去取出一份雪糕，傅会长吃得十分满意，想再讹多一份估计也找不到借口。我们吃不完的东西，服务员帮着打包，提着帮我们送上车，直至车开动了，她才和我们挥手离开……到过台州，接受过勇哥接待的人，都会感叹勇哥接待的全面和细心，已经达到宫廷级别。

如今的新荣记，其品牌价值已经是别人主动找他开店，新荣记掌握定价权了。我的朋友、广州某地产商通过朋友找勇哥到广州开店，我知道我的朋友不懂行情，也不可能接受新荣记的标准，勇哥也象征性地来广州看了一下。我试探性地问勇哥什么时候到广州开店？勇哥谦虚地说："不敢来啊！"其实，勇哥并不热衷于扩张，每开一家店都要他付出极多的精力。他现在开店，考虑的是能否对他的品牌赋能，比如准备开的东京店，看中的是日本餐饮人的匠人精神，如果学到了，那就赚大了！准备开的成都店和青岛店，看中的是四川的优质水果和胶东半岛的优质海鲜，这可以丰富他们的供应链。不入虎穴，焉得虎子？他是想向川菜和鲁菜学习，丰富新荣记的菜式。现在对他来讲，更大的兴趣不是复制新荣记，而是把八大菜系、意大利餐、法餐、日餐等开出来，这是他对自己的挑战。这几乎是一个接近疯狂的想法，各大菜系差异很大，再厉害的美食家，也只能是对某几个菜系有较深的认识。要达到这一目标，必须是对所有菜系有深刻认识，打通所有做菜的逻辑，简直是旷世奇才。这个目标我一开始并不看好，但是，今年年初，我和陈立老师与闫涛老师吃了他的湘菜"芙蓉无双"后，我改变了看法。把湘菜做得如此好吃，我这个不擅吃辣的人也边抹汗边呵气边大开杀戒，直叹这家店不该叫"芙蓉无双"，应该叫"天下无双"。这是个奇人，这么疯狂的想法，他居然实现了一个，期待他的第二个、第三个……

人的精力总是有限的，这就要求必须有所为有所不为，在这点上，

勇哥是活明白了。今年，某平台推出一档厨师选秀节目，勇哥是其中的三个导师之一，可是播了两期，勇哥不见了，取而代之的是新荣记的副总蒲世球兄，名为“代班导师”。这估计创造了世界选秀节目的先例，据说勇哥给节目组的理由是“有事走不开”。不过，最后一集，勇哥又回来了，这又给足了节目组面子，估计新的一季，节目组给导师的合同里会增加一条“不得中途缺席”。电商流行时代，勇哥也成立了一个电商事业部，不过后来又砍掉了，因为勇哥认为新荣记的消费模式不适合电商；现在，勇哥也时不时出现在《荣叔拾味》上，在视频节目里讲解食材，教大家做菜。我的理解，他是想告诉大家：“我只是个厨子，寻找食材、研发菜品才是我的工作。”“荣叔真选”架上倒是有不少硬货，货是真好，价是真贵，看中的东西，非北上深还买不了。

勇哥总是谦虚地说自己不懂管理，公司团队的人管得比他好。在我看来，他才是真懂得管理：拒绝资本参与，让高层入股，高层管理人员以店当家，这比任何激励措施都管用。对管理，他只是朴素地提出“像对待家人一样”的要求。因为把顾客当家人，你才会把最好的品质拿出来，连传菜员都有权把他认为不合格的菜品退回去；因为把下属当家人，大家彼此关系才能如此融洽，亲如一家。在新荣记，店长每个月要为员工餐做一次铺台摆碗碟工作，厨师长要做一顿员工餐。在新荣记，你看到的每一个笑容，都发自内心。

与勇哥交往不多，总觉得隔着一堵墙，但是，每次交往都是特别愉快的。我带着一帮吃货到北京新荣记“朝圣”，为了能买到单，麻烦闫老师帮我订房，特别强调是“别人买单”、没想到闫老师直接找了勇哥，勇哥要请客，好在闫老师把我的原话搬了出来，买单时发现，勇哥吩咐，打了四五折；我到上海参加超越会活动，勇哥是超越会的发起人，席间过去跟他敬酒，他又过来回敬我，一句“到上海有什么需要安排的尽管说”，真是温暖；金沙集团在澳门搞一个晚宴，好朋友Dean找到我，希望我出面友情策划一下。我给勇哥电话，希望新荣记派出团队做三道菜。勇哥二话不说，一口答应，还派出了杭州店和深圳店的店长，令人感动；每当杨梅、蜜橘成熟季节，来自勇哥的问候和惦记，总是如期而至……

一个认真谋划，低调做事，细致交友的人，虽然姓“张”名“勇”，我觉得还应该有个字和一个号——字“谋”，号“明白先生”！

上海餐饮界大佬翁拥军

每次到上海，总会被带到锦江饭店的甬府，而且老板翁拥军都亲自作陪，这说明了两个问题：一、甬府的出品受到大家的广泛认可；二、军哥仗义好客。这样评价军哥和他的甬府，估计没有什么异议。

甬，是浙江宁波的简称，因为甬江流过而得名。甬府，自然就是宁波菜了。在大上海将宁波菜做到风生水起，“米其林”“黑珍珠”“金梧桐”拿到手软，军哥有什么过人之处呢？

在甬府进入上海之前，上海的高端餐饮，还是本帮菜和粤菜的天下，宁波菜只能以小海鲜的形象，在大众餐饮中低调生存，满足上海的部分中低端消费，同时抚慰宁波籍上海人的味蕾记忆。大上海嘛，除了他们自己，其他都是小，但军哥看到了问题的关键——在这个世界级的城市生存，低价且没有规模，根本没法应对高昂的租金和不菲的人力成本，即便勉强生存，也是苟延残喘，迟早会被市场淘汰。要生存，只能抢占高端市场。

但上海的宁波菜，已经给人的印象就是大众消费层次的，怎么办？经过市场调查和味觉调查，军哥很快找到了原因——以前上海的宁波菜为了以低价生存，在用料上只敢选便宜的小海鲜，稍微贵价一点的高品质海鲜在餐桌上难觅踪迹；口味上，为了迎合部分消费者也做了本地化的改变，宁波特色不明显。问题找到了，对症下药就是：每天从宁波找来高品质的海鲜，坚持做宁波口味的宁波菜，走高端餐饮路线。

找到问题，对症下药，是不是就可以药到病除？餐饮业经营之难，远超出外人的想象。仅有这些还不行，还必须咬牙坚持，而这个过程，在持续亏本的情况下还能不能坚持下去，敢不敢坚持下去？军哥走出来了，尽管过程惊心动魄。2011年，他在银河宾馆创立了甬府品牌，第一年就亏了400万，在他开始动摇的时候，是熟客们给他信心，鼓励他坚定地走了下去。第二年，甬府就扭亏为盈，上一年亏损的也赚了回来。这下军哥信心更足了，上海的市场，算是站住了。

如果这样就可以通向成功之路，那也太简单了，更大的考验正在等着他。2013年，在银河宾馆风生水起的甬府已经摸索出一套盈利模式时，业主银河宾馆被收购了，与甬府的租赁关系只能结束。决定如此突然，银河宾馆为甬府介绍了锦江饭店，但合同一时谈不下来。急于乘胜追击的翁拥军，随手在淮海路接手了一个4000平方米的铺面，高端市场消化不了这么大的面积，那就往下沉，做人均200元的中端市场生意。事实证明，正是做高端市场这一信念的动摇，导致了近乎灭顶之灾的滑铁卢，仅一年时间，就巨亏1400万，而且看不到任何希望，救无可救。

幸好天无绝人之路，锦江饭店的租赁合同这时候谈了下来。军哥壮士断腕，毅然结束了淮海路的生意，把自己的全副精力都放在了锦江甬府的打造上。虽然只有九个包房，但却是银河宾馆店的升级版——更贵、更极致，也更有上海情调。从此，甬府进入盈利快车道，年年创新高。

路子对了，坚持就是。在军哥看来，甬府也有四项基本原则必须坚持。首先坚持的是非东海海鲜不用的基本原则。他认为，东海海鲜是最优质的海鲜，而甬府还要优中选优。东星斑、象拔蚌、鱼翅、鲍鱼、龙虾这些东西，因为东海没有，尽管可以赚钱，也不能出现在甬府的菜单上。也对，这些菜并不是宁波菜的强项，做出来没有别人家的好，也就没有特色了。几十年的厨房和餐厅工作经历，对东海海鲜军哥有独到的认识，比如蛏子一定要宁海长街镇的，白扁鲳鱼一定要像山本港的，梭子蟹、带鱼、黄鱼一定要是舟山的，梅子鱼一定要来自于杭州湾海域的。新鲜的食材每日清晨从海边出发，下午两点左右到店，晚上就可以

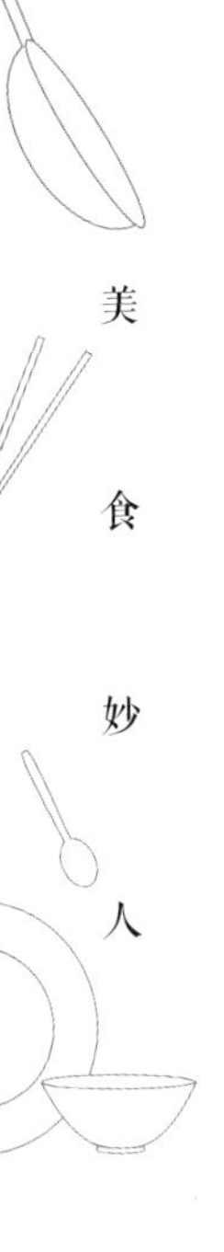

出现在餐桌上了。

第二项要坚持的基本原则是好食材不讲价。要找到好货，就要出得起价钱。与军哥相熟的渔民，知道甬府出得起价也不讲价，会把好渔

货留给他们。这种不惜代价找食材的精神，当然也会转移到终端客户那里，那就是在甬府吃饭，确实价格不菲。市场上十几块钱的狗吐鱼，江浙一带叫水潺，在甬府要卖到二百多元一斤，而野生黄花鱼价格一路攀升，甬府和新荣记就是“幕后推手”。这两家店进入上海，就开始互相对标，团队之间互相不打招呼去吃饭暗访，都是对食材有极致追求的。见对方的黄花鱼比自己卖得还贵，回去就马上加价，从几百元卖到几千元，一路飙升，他们的定价，也影响了市场定价，上游渔民也获利了，当然赚得没他们多。市场竞争的结果应该是价格越来越低，但高档的东海海鲜却被竞争成越来越高，当然，这也与海洋资源日益枯竭有关。虽然不能完全说是新荣记和甬府推高了黄花鱼的价格，但这多少跟他们有些关系。至于始作俑者是谁，我更相信是甬府，因为他们自带“甬”字，在甬府，不能讲性价比。

第三项要坚持的基本原则是非宁波口味不做。宁波风味，有着自己咸鲜一体的口味标准。相对于口味清淡的粤菜而言，宁波菜咸味重，有些客人吃不惯。甬府的规矩是可以退菜，但绝对不会根据客人的口味重新给你做一份，更不会因此而调整口味标准，一句话，“爱来不来”！也正是这一坚持，打造出甬府宁波菜口味，强烈的个性，自然引来习惯这一口味的来客，即便是初尝者，大多也会被这一咸鲜口味所吸引。

第四项要坚持的基本原则是挖掘传统老菜。军哥说甬府没有新菜，并非说甬府只有固定的几十道菜。他们也创新，只是不断挖掘宁波老菜精做，让老树发新芽。他会带着厨师团队到宁波各地餐厅采风，寻找当地的老菜谱，也会把他在外面吃到看到的灵感分享给团队。团队中来自于宁波各地各县的厨师们，也总能从老家翻出些不一样的花样来，团队再来研究如何土菜精做。比如宁波汤圆，这是宁波的名片，但大部分馆子用的是速冻汤圆。这当然入不了军哥的法眼。这个貌似简单的汤丸，在效率优先的今天，反而失去了韵味，那就到效率优先还没抵达的农村去找。他悬赏五万，向宁波乡村家庭妇女征集宁波汤圆方子，又在第一名的方子基础上，加上了独门技巧：用土猪板油和芝麻、糖一起做馅，每年甬府都会在冬至前后，去村子里收刚杀土猪的猪板油，芝麻也一定是用石臼捣碎的，而不是用粉碎机，这才能有香味。

咬定方向不放松，这份坚持，既是骨子里就有的倔强性格，也是军哥丰富的人生阅历悟出的道理。十九岁出道，从厨房最累最脏的工作干起，切煮洗烧，杀鸡杀鸭杀鱼，"冬天的时候要剁猪板油，手指冻得像没有知觉，差点剁掉"。凭着一股肯吃苦的干劲，悟性也高，厨房各岗位都轮着做了一遍，很快在宁波饭店做到了领班的职位。做他所理解的宁波菜，是军哥一直的梦想。当上了领班，本以为可以一展身手，但是，上面的领导还是不同意。刚好中国驻外使馆到宁波招厨师，年轻的军哥赶紧去报名，很快就被录取了，可是宁波饭店不放人，往他的档案里塞了一张纪律处分决定，政审当然通不过，希望破灭的军哥气愤地辞职。

从国企到民企，发挥的空间是大了，但也无法做他想做的菜，毕竟上面还有餐厅经理，还有老板。没法施展拳脚的翁拥军，在朋友的邀请下，去了朋友公司做个职业经理人，负责每天的应酬吃喝，工作轻松了，收入提高了，但离梦想也更遥远了。2011年，军哥终于下定决心，辞职下海创业，开启他波澜壮阔的上海创业之旅。没有一个人可以随随便便成功，坚持、定力、意志，这些看似简单的词汇，放在人生的旅途上，伴随着的可能就是委屈、彷徨和亏损。今天甬府的成功，一路走来，一点也不轻松。

细眉细眼的军哥，却是脸大脖子粗的彪形大汉；热情好客的军哥，使甬府变成中国高端餐饮业在上海的办事处；大家到上海，都免不了到甬府朝圣，而军哥只要在上海，都会宴请大家，当然了，大黄花鱼不一定上。我倒是吃过甬府的大黄花鱼，大约一年半前，我带一帮高尔夫球友去上海打球并品美食。为了吃甬府，专门住锦江饭店，拜托闫老师给我订的房。闫老师拜托军哥安排的菜，让大家赞不绝口，尤其是堂焯雪菜大黄鱼，那种嫩和鲜，是我吃过的大黄鱼中表达得最充分的。虽然那次没见到军哥，但军哥还是吩咐打了折扣，具体什么折扣就忘记了。当然了，再后来与军哥认识，也就没机会自掏腰包吃甬府了，但甬府大黄花鱼的美好记忆，始终挥之不去。

作为上海美食圈大哥级人物的军哥，为人的热情不仅仅是在上海热情接客上，杨梅季、橘子季给大家寄来高品质的杨梅、橘子；美食圈的大聚会，他会到场与大家同乐；朋友们新店开张，他会赶去道贺，完全没有成功餐饮人令人敬畏的架子。他也不吝分享他的经验和教训，话匣子打开，一手烟，一手威士忌，所有经验无私奉献。这个大哥够格。

如今取得巨大成功的甬府，对市场的把握已经了然于胸，品牌的溢出效应也水到渠成，“甬府尊鲜”“甬府小鲜”开了十几家，还是一席难求。最近更是开出新京菜“柿合缘”，生意十分火爆，与川菜大师兰明路合作的川菜“明路川”、与法餐大师周晨合作的法餐“云”也在紧锣密鼓筹备中。这些领域虽然不是军哥的专长，但对市场的把握他早已胸有成竹，合作生意所需要的大哥风范他更不缺，这些餐厅的成功，相信指日可待。

衷心祝福军哥财源滚滚，身材就不要“圆滚滚”了。

附：至本书出版时，位于上海北外滩来福士的甬府·北外滩店已隆重开业，翁拥军以1.8亿重金打造了三个餐厅，57楼是主打宁波菜的甬府和湘菜“湘翁”，58楼则是法餐。

现代酒店杰出管理人周宏斌

认识周宏斌Peter Zhou，还是半年前在大师傅大董的南新仓店。我到北京参加“凤凰网年度美食盛典”，大师傅宴请大家，三十多人的大长桌，我与Peter隔座而坐，尽管之前闫涛老师在我面前提起过他多次，毕竟不熟悉，也就没有太多的互动。那天，我的美食随笔《吃的江湖》刚发行不久，带了送给大师傅，还多准备了几本，出于礼貌，就签名送了一本给Peter。估计他根本不知我是哪儿来的妖魔鬼怪，客气地接受并道谢，至于随后扔哪了，我敢肯定连他自己都不记得。

再次见到Peter，那是时隔两个多月之后，美食家、北京电视台的曹涤非先生喊我去参加大地物源公司组织的云南菌菇考察之旅。对这类几十人的活动，我本来不感兴趣，毕竟，超过七个人，已经超出我的管理半径和沟通半径，那已经不是交流，更像是参加一个旅游团。但曹兄第一次邀请，确实不好拒绝，于是勉强前往。

几十号人的队伍，也真难为主办方了。曹兄是万人迷，整天被一群中老年妇女围着，分身乏术，幸好Peter也在这个考察团里。毕竟见过面，大家也就逐渐勾搭上。这次活动，主办方大地物源请来了云南省商务厅的领导、云南餐饮协会的领导，排场很是官方正式。这让我们这些没见过大世面、一贯自由散漫的人很是紧张，也肃然起敬，饭菜也是云南当地最高端餐厅来接待。尽管如此，对云南餐厅表现菌菇的烹饪方式，Peter和我在私底下交流时，仍然表达了保留意见。像火锅、辣炒这些过度烹饪，都没有了解和尊重菌类食材，也违反了烹饪的原理。臭味相投的我们，对上来的每一个菜，一个眼神交换，大家就明白了彼此的意思。谁不说俺家乡好？云南也大谈自家的松露是如何的好，我和Peter都坚持说我们的松露味道寡淡。长期在澳大利亚餐厅工作过的Peter告诉我，欧洲从云南、四川进口的松露，主要是拿去做松露酱，也有不法商人将来自我国的松露与法国、意大利的松露放在一起，吸附了一点味道后，假冒法国、意大利的松露卖出了高价。Peter这种实事求是的专业精神，确实超越了一班经验主义、地方主义的师傅。和我不一样的是，彬彬有礼的Peter只是私底下交流观点，给主办方留足了面子，而我却忍不住地写下了《彩云之南，美食难不难？》，大放厥词，让主办方很是尴尬。这方面，我还是应该向Peter学习。

原来，Peter在回国工作前，长期在澳洲法餐厅工作，是顶级的法餐厨师，难怪对食材的认识有着严谨的科学精神。现在虽然晋升到管理工作岗位，但仍然以专业精神指导着他领导下的酒店餐饮团队，他所管理下的柏悦、君悦、凯悦酒店，不论中餐西餐日餐，均有质的飞跃。不仅如此，他还是世界上最重要的国际美食协会之一的埃科菲厨皇协会中国区主席。这个组织，集合了餐厅酒店主厨和初级厨师、热衷美食美酒名流、食材和美酒生产商和供应商，以及对美食、酒店或餐饮行业保持兴趣的人们，是一个专业的美食协会。Peter以他的影响力，推广法餐和其他世界美食，专业性当然不容置疑。

让闫老师赞不绝口的是名厨出身的Peter，从管理餐厅上升到管理酒店，而且旗下酒店的餐厅品质皆不错，尤其是宴会菜，做得颇为出彩。宴会菜是公认的难做，同时做给几百号客人吃，“大锅菜”没有“小炒菜”好吃，这是常识。陈晓卿老师对此有精辟的观点：“宴会考虑的不仅仅是口舌之欢，成就感、奢华感、仪式感、节奏感，都比菜的味道、口感、温度重要得多，宴会的好菜单甚至都比菜更重要。就像我们夸一辆车豪华，甚至可以说它的加油口设计得十分精致，但不能说这车特别豪华、省油。”尽管如此，Peter还真的把宴会菜做到了极致。这次“凤凰网金梧桐江浙地区美食盛典”就在Peter所在的杭州柏悦酒店举

办，菜品设计由Peter亲自操刀。一道蟹酿橙，满堂皆喝彩，而每位客人一只波士顿龙虾，更是技惊四座。取一斤多的波士顿龙虾，在用洋葱、胡萝卜、西芹、香叶、胡椒熬出的沸汤中煮两分钟后再放入冰水，龙虾第一次入味，遇冷收缩产生爽脆的口感，揭开背壳卸下大螯，取肉改刀切块，龙虾壳熬出龙虾汤；黄节瓜、绿节瓜、欧芹、干葱、龙蒿叶煮制成蔬菜汁；干葱、干邑、白汁、芥末、龙虾汤、雪莉酒、卡宴辣椒粉、醋，盐、芝士制成芝士酱，一分为二；将龙虾肉和蔬菜汁、一半芝士酱搅拌，再将肉放回龙虾壳里，龙虾第二次入味；另一半芝士酱冷冻成片，覆盖在龙虾上面，烤箱预热至185度，烤8分钟，龙虾第三次入味。这么复杂的菜，一做就是几百只龙虾，从味道到口感，从温度到造型，都无可挑剔。更重要的是，原本拆出来后混炒入味的龙虾肉，回到龙虾壳里，都有头有尾，连大腿肉都在，给人的印象就是一只完整的龙虾，这种如绣花般的仔细功夫，居然用在规模宏大的宴会上。

将宴会菜做得如此之好，关键是对细节的认真把控。而对细节的一丝不苟，这可以从Peter的日常言谈举止中一见端倪。每次见他，他总是收拾得衣冠楚楚，风度翩翩，一副金丝眼镜挂在脸上，根本看不出他是一个一流的厨师，更像是一个大学教授。他穿着厨师服出来，那种干净利索，透露出的是不容置疑的超级专业。据闫老师剧透，对自己严格要求的Peter，拥有一流的身材，不仅拥有六块腹肌，还是国际级的健身教练。受此激励，闫老师有一段时间还时不时地跑健身房。不同的是，Peter长期坚持自律，所以风度翩翩；闫老师没有坚持到底，所以大腹便便。

专业的Peter，却是一副发自内心的谦恭。对同行，他不吝惜赞美；对美食家，他总是俯身倾听。据美食大家陈立教授透露，最近在深圳君悦酒店举办的“凤凰网金梧桐广东地区美食盛典”，也是在Peter管理下的酒店办的。那场宴会菜就很一般，陈立教授毫不客气地指了出来，Peter很认真地道歉，说是准备不够认真充分，下一场一定吸取教训。敢于承担责任、虚心接受批评、马上做出改变，到了Peter这个层次还可以做到，真心不简单。

稍为熟悉后的Peter，待客之周到，令人感动。这次我到杭州参加活动，他提前给电话我表示欢迎，还询问航班安排接机。我说已经有朋友接机，他简单的一句“杭州见”，干脆不啰唆；到达酒店，训练有素的工作人员笑脸相迎，十分温馨；进了房间，桌上一张欢迎卡：“林兄，欢迎入住杭州柏悦，祝你一切顺利！”落款是他的亲笔签名。真的是贴心又不烦人，这个度的把握，恰到好处。我不禁想，这位周先生，应该叫“周到先生”才对。

带领一支庞大的酒店管理团队，自己如何优秀，都不足以服务好所有客人，只有将整支团队带好了，才足以支撑事无巨细的酒店服务，而Peter兄做到了，杭州柏悦酒店是我住过的最佳酒店。之所以下这个结论，只因为发生了这么一件事：结束杭州行程，我坐高铁去南京参加另一个活动。高铁开出半个小时，柏悦酒店来电话，电话里平稳而礼貌地问：“林先生你好，麻烦你看看是否拿错行李了？”我一看，大件事，还真的拿错了。原来刚才带着行李去吃早餐，服务员周到地让我把行李放在餐厅入口一个角落，那里已经有两个行李箱。我匆匆忙忙吃了几口早餐就去赶高铁，走的时候没有仔细看，将同一品牌，同一规格，颜色相似的行李拿走了。放行李的地方光线柔和，我也老眼昏花，这个失误可大了去了。电话那头，柏悦酒店的工作人员提醒我不要着急，让我把行李放在最近的经停站，他们马上派人过来取，至于我的行李，他们也派车送到我要入住的南京香格里拉酒店。一切都是那么有条不紊，不急不躁。造成这么大的麻烦，我多少有些担心，怕酒店工作人员处理起来有难处，于是打通了Peter的电话。Peter听完我的叙述后，简单地以“辉哥请放心，会处理好的”回复我，一路跟踪整个过程，及时告诉我进展，直到大家都拿到了行李。一场我造成的乌龙，杭州柏悦团队处理得井井有条，不急不慌，Peter除了接我那个电话，全程只用微信联系。简洁而周到，既不邀功，也不让你自愧。高！实在是高！

经过正规的西方酒店管理训练、深谙中国式的人情世故、打通法餐和中餐任督二脉、热情周到、不啰唆的Peter，已经不只是一个杰出的主厨，而是完全蜕变为现代酒店的管理人。从他身上我们看到，中国人完全有能力做好世界顶级餐厅，完全有能力管理好世界顶级酒店。

江南塑味者蔡国芳

杭州江南渔哥主理人蔡哥，全名蔡国芳。在美食界，能叫出他全名的估计不多，除了他的名字确实难记，更重要的是，他真的如一位大哥，没有比“蔡哥”更合适的称呼用于他身上。

蔡哥确实具备长者的气质：宽厚的身躯，稳健的步伐，一看就值得让人依靠；不疾不徐的语速，充满磁性的声音，透露出一个成熟男性独特的魅力；浓密的眉毛，慈善的眼神，如果穿上袈裟，那就是妥妥的长老住持。把这样的一个男人，放在充满诗意和风花雪月的江南，再合适不过。

蔡哥不仅长得像大哥，为人处世也确实有大哥风范。认识蔡哥，是在广州的江南渔哥。在蔡哥入主广州江南渔哥之前，这座位于广州五羊新城的老别墅，由我的两位大学师弟在捣鼓，一直经营得不瘟不火。没办法，位于住宅区，停车不方便，如果不是非常有特色，谁愿意七弯八绕 ，误入深巷？直到精力充沛、热情奔放的美女嘉文，引来了蔡哥的江南渔哥，从此，江南的美味在这里生根发芽，这座老别墅一下子热闹了起来。蔡哥把控出品，嘉文负责营销，我的两位师弟“上蹿下跳”，大摆宴席，“请君入瓮”。广州的江南渔哥，从以前的门庭冷落，变得一房难求。

这个完美的组合，在某一天也出现了磨合上的问题：厨房的成本控制没有达到当月的绩效目标，扣了厨师团队的绩效，引发了内部一系列责权利的争论。有怪厨房采购没有本地化引起浪费的，厨房认为要坚持江南味道，食材没办法本地化；有怪管理目标不科学、执行起来没有人情味的，管理设计者认为执行不能打折扣；有怪嘉文投入时间和精力不够的，嘉文认为一个餐厅不能养活自己，总不能吊死在一棵树上……这事最后圆满解决了，蔡哥苦口婆心，协调各方观点，求同存异，完善管理，厘清架构，把所有矛盾化解。精力充沛、喜欢折腾的嘉文，也彻底解放了出来，去从事她喜欢的伟大事业，而她在江南渔哥的利益也得以保留。不但如此，由嘉文在清远捣鼓出来的与别人合作的江南渔哥，蔡哥也坚决退出，理由是没有这份精力，帮助不了别人，就不要去承担超过自己能力的责任，否则会耽误合作伙伴的事业。处理这些事情，蔡哥成熟稳重，从别人角度看问题，维护好合作方利益，这才是大哥风范。

作为江南渔哥的主理人，虽然蔡哥不亲自掌勺，却担负着菜品研发设计，为餐厅定味的关键角色。认识蔡哥，是闫涛老师介绍的。初次见面那一天，蔡哥几乎将我在公众号上的一篇文章《咸鱼白菜也好味》背了出来，他说这不仅仅是人生百味，也可以是一道菜。不久，他真的把这道菜研发出来，菜名就叫“风带鱼白菜”：风干的淡咸带鱼，因为不是很咸，蛋白质分解为氨基酸，自带鲜气。来自山东胶州的大白菜，冬季自带糖分，稍为一炒，水分析出，纤维里巨大的空间留给了风带鱼，氨基酸乘虚而入，鲜且甜的白菜就此诞生。让大家留下深刻印象的，是被蔡哥誉为“吃了可以亲嘴的大蒜”。这是醋泡蒜，为什么吃了可以亲嘴呢？大蒜有蒜氨酸，这就是我们平时所说的蒜香味，大蒜也同时有蒜氨酸酶，平时两者各有细胞膜，不互相勾兑，当大蒜被物理性破坏时，两者冲破各自的细胞膜，发生化学反应，产生大蒜素。大蒜素辣，还会进一步分解，生成硫化氢一类的东西，这就是吃了大蒜会臭的原因。宁波的醋泡蒜中，蒜氨酸被分解成了硫代亚磺酸脂等物质，蒜氨酸酶找不到蒜氨酸，无法行凶，不能产生大蒜素，也就不会有辣味或者臭味了。

把江南的家常菜搬上餐厅餐桌，这是蔡哥一直在努力做的一项事业。被陈立教授称道的糟骨头蒸膏蟹，就是一个代表作。陈立教授认为：“象山半岛是浙江沿海海岸线的重要分界线，以前都讲石塘以北或石塘以南来区分不同的气候环境。此地温暖湿润，而且带着海风与山里的一些山间风的气候，造成了象山独有的一些食材。糟骨头便是其中的一个，糟的做法来源于宁绍平原，它紧靠象山半岛，这里的人们生活富庶，物产丰富，因此有丰富的原材料做各种各样可以保存的食物，糟骨头便是其中的一种。糟骨头的设计理念也包含了物尽其用，将所有的营养、风味以及我们收获的一些食材，转化成为美味。象山的糟不同于宁绍平原最著名的干糟，它是湿糟，用没有榨干的酒糟来腌制猪骨，因此在这个发酵过程当中，除了保有猪骨所特有的一些风味物质以外，微生物种群也贡献了多数的风味物质。这里面包括各种各样的游离氨基酸、多糖、肌苷、鸟苷等。将糟骨头入菜，最好的搭配便是拿它来蒸膏蟹。膏蟹肥美的时候，蟹黄饱满，蟹肉紧实，而且富含鲜美的各种各样的氨基酸。用糟骨头来蒸膏蟹，构成了游离氨基酸最广泛的谱系，天冬氨酸、精氨酸、色氨酸、酪氨酸、谷氨酸、丙氨酸等都存在，因此这是一个无与伦比的广谱游离氨基酸菜肴。这道菜用糟骨头的糟香打底，衬托出膏蟹的鲜美，给人们带来了一次舌尖上的冲浪体验。从高端到低端，从谷底上到高峰，品尝这道菜的过程，就是一个欣赏在氨基酸的海洋当中追逐鲜美的过程。”

将江南的家常菜搬上餐厅的餐桌，当然不是简单地做几个家常菜，这当中食材的选择、烹饪的表现，都与家庭操作完全不同。对食材，蔡哥有特别的感觉和认识，运用起来也得心应手，这一点，连厨神蔡昊也很是欣赏。蔡哥选材，有着严格的要求，当季好食材，是江南渔哥取得成功的关键。碰到好食材，蔡哥那份兴奋，“喜上眉梢”就是最恰当的形容——浓密的眉毛仿佛每根都会竖起来。有次他到清远，发现了北江的鳗鱼干、连州的腊猪脚，兴奋得和我说道了好几遍，仿如发现了一位心仪的美女。这些优质食材，也在那次发现之旅后不久就被搬上了江南渔哥的餐桌。

潜心于将江南家常菜搬上餐厅的蔡哥，将杭州的江南渔哥打造成美食界公认的“到杭州值得吃的三顿饭”之一。当然了，再美味的家常菜，也收不了太高的价钱，能不能赚钱我不好打听，每次到杭州，蔡哥都热情接待，以蔡哥的豪爽风格，估计赚钱有限。一个价格亲民的美味餐厅，是广大吃货的福音，但却不入米其林、“黑珍珠”这些榜单的法眼。杭州的江南渔哥曾进过黑珍珠榜单，可惜第二年就落榜了，以后几乎年年进入候选名单，却年年落选。蔡哥很是善良地说：“是我们做得不够好。”其实不然，米其林、“黑珍珠”们只专注于精致美食，对于家常美味，他们既不屑一顾，也不懂欣赏。幸好还有凤凰网的“金梧桐”更接地气、更懂美食，记住了江南渔哥等普罗大众喜爱的美味。

为江南塑味，为普通消费者留出一片幸福空间，这是我喜欢蔡哥和江南渔哥的理由。

商场逐鹿，艺海扬波

认识赵利平先生的时候，还是闫涛老师帮我组的局。我在德厨宴客，闫老师说介绍几位美食界潮汕老乡给我认识，那时赵利平先生还是广州酒家的副总经理，广州酒家是市属局级国有企业，他就是副局级干部。对体制内的干部，可不能称兄道弟，我毕恭毕敬地称他“赵总”，他也很正式地称我“卫辉兄”，这种互相客气的称呼，习惯成自然，尽管多年之后彼此之间很熟络。

体制内的餐饮企业，有它的优势，也有它的劣势。优势是抗风险能力很强，劣势是改变很困难。那时赵总分管餐饮，广州酒家给大家的印象是，不算出彩，也不会差的大众餐厅，而在认识他之前，我还真有十几年没去过广州酒家。

赵总热情地邀请美食圈几位朋友一起去广州酒家滨江路店品鉴。我抱着“也就是吃一顿饭”的心情赴约，没想到完全被征服了，原来赵总精心策划已久的“名厨、名菜、名点怀旧宴”刚刚推出。一线江景的芙蓉厅，面对三江汇聚的白鹅潭畔，对岸正是广州最具民国风的长堤建筑群，夜晚降临，滨江西与沙面争相辉映，清代满洲窗和古色古香的家具，一下子把大家拉回到广州酒家民国时代的高光时刻，大家惊叹于广州酒家的历史底蕴和艺术鉴赏能力。

随着菜品一道道推出，引来了一阵阵惊叹。四喜临门四道前菜：九曲大肠、熏鱼、腌萝卜、桂花扎。虽然是前菜，但道道用足功夫，像桂花扎，需要腌制冰肉，再用鸭肠将冰肉和咸蛋黄层层扎紧，烤香后切片再淋上桂花蜜，一道卖不起价钱的前菜如此烦琐耗时，也只有广州酒家肯干了。由川菜名菜“推纱望月”改造而成的“纱窗邂逅”，将蟹肉酿进竹笙，加入用火腿熬了四个小时的上汤，谷氨酸、核苷酸、琥珀酸、鸟苷酸等呈味氨基酸，各种鲜味的相加相乘效应叠加，鲜到了极致。将丝瓜、红萝卜雕成鲜花状，在纱窗般的清汤上浮现出既白又红的画面，显得诗意和浪漫；考功夫的四宝炒牛奶已在江湖隐形多年，将镬中油温烧到足够高，然后略略离火令油温下降，再倒入用一定比例蛋清和水调配的牛奶，按照逆时针的方向，用柔力慢慢翻铲至凝结，如豆腐花般的牛奶，嫩滑清香，火腿粒、鸡肝、榄仁和虾仁四宝提供了鲜味和香味，这是一道令人感动的传统粤菜。来自广州酒家五朝宴中的遍地锦装鳖，甲鱼与羊腩肉的组合，汁浓肉香、鲜香四溢。二十世纪六七十年代风靡一时，由广州酒家名师黄瑞师傅所创，获得了第三届世界烹饪大赛金奖的茅台鸡，选用约两斤半的清远走地鸡，生抽上色后用油炸出金黄色，再将爆香的葱姜料头塞入鸡身内，把八角、茅台酒等调酱料涂抹在鸡身上后再蒸，香味四溢。二十世纪九十年代由广州酒家所创的新奇士银鳕鱼，新奇士橙和银鳕鱼两款舶来品入菜，掀起了一轮用水果汁烹饪粤菜的风潮，酸甜鲜嫩，三十年后依然新颖迷人；广州酒家的象形点心惟妙惟肖，墨鱼饺、刺猬包、核桃酥、皮蛋酥，无论色、形、味、香，都体现出极致的粤菜烹饪手法。

这顿饭，让大家彻底改变了对广州酒家的看法，传统粤菜的最高水平，还是得看广州酒家。作为这次怀旧宴的总策划，从市场定位到菜品设计，从出品到服务，都由赵总亲自主持。广州酒家是最大的粤菜餐饮集团，如此大规模的餐饮企业，决定了他们只能走大众餐厅的道路，但是，广州酒家同样可以出精品。“食在广州第一家”这个招牌，赵总私底下跟我说，他一定会擦亮它，对得起广州酒家的历史。

赵总与我私底下的这次交流，我看到了正一一兑现：二十世纪八十年代广州酒家推出的“满汉全席”，已经多年不做了，他组织研发团队，从旧菜谱里精心打磨，在文昌路总店推出了“满汉全席精选”，仅汤菜就有延寿参汤、鹿尾巴汤、一品天香三道；为一席宴而专门做一只烤乳猪，精心决定了火候把握恰到好处，香脆都达到极致；干鲍公肚、碧海鱼皇、雀舌金巢、玉柱藏珍、乾隆宝饭、万事如意、冰花雪蛤、羊城美果，一道道菜品精美绝伦，味道绝佳，把大家看得目瞪口呆。说重出江湖的“满汉全席精选”代表了当代传统粤菜的最高水平，同行只要尝过，都不敢有意见。

时代发展很快，食材的迭代，菜系的融合，使餐饮业的发展也呈现出多元的变化。广州酒家的传统粤菜都是花时间花工夫的，这些菜又是广州酒家的优势，随着老师傅们一一退休，如何传承？如何创新？赵总的答案是：将集团厨艺精湛的师傅们集中起来，成立厨政中心，既负责传承技艺，也负责菜品研发，做出标准后各店执行。

至于创新，将经典挖出来，重新解构和组合，也是创新，于是有了前文一系列精彩的名菜重新呈现，这是广州酒家利用自己深厚的粤菜底蕴对传统经典菜的改造。有了深厚的粤菜功底，创新起来也得心应手。有一天，赵总与我应邀到现代粤菜料理“跃”餐厅试菜，席中一道白切鸡，只取鸡肉中最好吃的部位，用分子料理手法呈现，却几乎只收取一只鸡的价钱，让赵总大受启发，他静悄悄跟我说：“我们可以做的更好！”不久，赵总就邀请了几位同行和城中几位美食家，到广州酒家旗下的高端品牌“天极品”越华路店试菜，一道艺术品般的盐焗鸡赫然上桌。用古法炮制的盐焗鸡，只选取鸡红肉和皮，每人两小件，用鸡蛋壳和稻穗装饰出可爱的鸡窝，旁边还有一个茶叶溏心鹌鹑蛋，赵总笑称“比跃餐厅便宜多了”。用西餐的培根和中餐的豆腐皮做出的培根千层，像极了一块威化饼；传统炒牛奶加上燕窝，装在脆炸盒里，仿如一只燕子刚归巢，取名“彩霞晚燕”……玩起新潮来，广州酒家也可以独步广州食坛。

岭南美食史研究专家周松芳博士在整理清末、民国初期的美食史料，发现了一些菜谱，里面有一些菜已经消失了。周博士问我能否找一家餐厅让它们重新呈现，我马上想到广州酒家。这时赵副总已经升为货真价实的赵总，我从周博士的资料中整理出十五道菜后找赵总，赵总满口答应。我正感激不尽时，赵总却从宏观站位宽慰我说，广州酒家有“南越王宴”“五朝宴”“满汉全席”，加上这个“民国宴”，刚好补齐这段历史，传承粤菜是广州酒家的使命之一，他还要感谢我呢。这通话，让我从充满敬意立马变成“有功之臣”的洋洋得意，这样的朋友，这样的对话，两个字——舒服！

说干就干，赵总立马组织研发团队对菜品进行研发。大约半年后，赵总跟我说他试了几次，通过不断改进，应该差不多了，让我组织周博士等人到沿江路店试菜。这桌菜出乎意料的好，八宝蛋、会爪皮虾、太史田鸡、扒大乌参、红焖大篾翅、网油蚝脯、蟹烧紫茄、鲮鱼面、鱼

生粥……一道道消失的粤菜展现在大家面前，既好吃又漂亮。赵总让大家提意见，研发团队拿着笔和笔记本认真做记录，须知研发团队都是大师级的师傅啊！一个国有餐饮企业，居然如此虚心，如小学生般听我们掰扯，过后想想，我都汗颜。又经过几个月的不断打磨，广州酒家才正式推出“民国宴”。这个宴席，在广州酒家临江大道店可以吃到，非常出彩！

国有企业也有难处，比如用于美食交流、推广的费用有限，我理解赵总这方面阔不起来，每有这种场合，我都带着美酒赴宴。这种朋友间互相理解本来正常得很，但赵总总是念念不忘，逢人便夸我这个“优点”，搞得广州美食圈大半人知道我这“优秀品质”，去别人家赴宴，不带瓶好酒都变得不好意思了。

广州酒家对经典的重新呈现或者对菜品的新研发的菜品，都可以看出如艺术品般，这得益于赵总的另一个身份——著名的艺术评论家，广东省文艺评论家协会副主席，收藏家。对艺术，我一窍不通，经常见到赵总评论各位画家、书法家，下笔千言，与艺术家之间的熟络，应该比美食界更甚。他的著作《艺术家那些事》，平日那些如雷贯耳、可望而不可即的艺术大家，在书里生灵活现，有趣得很，不是真朋友，绝对写不出来。

对赵总在广东艺术界的林林总总，我虽然不甚了了，但却得益不少。有一年，刁嘴兼毒嘴容太邀请我们几位去参加她爸爸的生日晚宴，鉴于与容太深厚的友谊，加上慑于容太的“淫威”，大家只能答应前往。可给老人家祝寿，总不能空手去吧？务实的广州人一般就是带个红包，但对因钱太多时时发愁的容太，这一招显然不合适。我提议请赵总出面，找一位书法家写一副贺联，我们几位摊分润笔费。此议大家拍手叫好，赵总欣然领命。出席寿宴那天，这一贺联成为一大亮点。赵总被邀上去讲话，第一句就是“这是我们几个兄弟的一点心意”，而真实情况是，润笔费我们一分钱都没出，赵总说他处理了。

因赵总与艺术界之熟络，我也打起了他的主意。我装修新家，书房里设计挂一副对联，我特别喜欢李鸿章曾经为北京安徽会馆写的对联：“安得广厦千万间，庇天下寒士，愿与吾党二三子，称乡里善人。”又特别喜欢广东书法家苏华老师的字，知道赵总与苏华老师一家都熟，于是斗胆请赵总帮忙，也特别强调润笔费按市场价一分不能少。赵总一句“没问题”，一星期后，墨宝就到了我手里；说到润笔费，赵总一句“不用，送给你的，就当新宅贺礼好了”。我心中一阵狂喜，尽管口头上说“这怎么好意思”。

好吃又不贵的广州酒家，每天都人头攒动，但在美食圈却十分低调。在传统媒体没落、自媒体崛起的年代，国有餐饮企业还找不到与自媒体沟通的路径；各个美食榜单都指向精致餐饮，这又有违广州酒家的初心。缺了这两条腿，注定了广州酒家只能低调。我曾几次建议赵总重视这个问题，选一家店把服务升级一下，以广州酒家的出品，摘星（米其林）拿钻（黑珍珠）不在话下。广州酒家这一任班子，徐伟兵董事长和赵总都是想干事、能办事的，错过了这个黄金搭档时期，一切会变得更困难。对这个话题，赵总总是笑而不语，我大概猜出了他的意思：打造一家米其林黑珍珠貌似不难，但服务是有成本的，牵一发而动全身，这家服务员给八千，别家怎么办？国企之难，我们体制外体味不到。

餐饮业之难，行业之外又很难体味得到。利平兄从赵副总变为赵总，这两年一直有疫情相伴，疫情带来巨大的经营压力，疫情防控时不时要求停业，每家店每月都要支付几百万的工资和场租等成本，最高峰的时候单纯餐饮每个月便亏损三千多万，幸好广州酒家经营多元，否则谁扛得住？广州酒家调动一切有利因素，以外补内，压缩费用，开拓市场，不仅把亏损的缺口补上，2020年比2019年销售和利润还均有两位数的增长，2021和今年第一季度，同样都有两位数的增长，这在行业中是绝无仅有的。

“商场逐鹿，艺海扬波”，书法家苏华老师这八个字，是对赵总最恰当的评价，“逐鹿”从来都是与“劳碌奔波”一起，而“扬波”总是有掌声相随，这也算劳逸结合吧。

愿利平兄与广州酒家越来越好。

总爱折腾的黄文书

“重庆人，80后，新疆当兵，非洲做生意，广州开餐厅，现在玩潮菜……”每次闫老师不带标点符号一口气不停顿介绍他时，挺着个大肚子，笑成地包天的黄文书总有点害羞地说“没有没有”，显得更加敦厚。这个貌似老实的餐饮人，其实是个拼命三郎，旗下的餐饮品牌“新渝城”“老重庆”“广东道”“正至潮菜”，生意红火，而他却还在不停地折腾。

重庆人，在广州开餐厅，当然会选择开川菜。文书兄的渝城味都，绝对是广州城中味道最好的川菜馆。回锅肉、麻婆豆腐、水煮鱼、樟茶鸭、口水鸡、毛血旺、鱼香翘嘴鱼……都做得极为正宗。当然了，离开了川渝地区的川菜，所谓的正宗，只是相对而言。川菜到了广州，连泡椒泡菜的味道都会有所改变，毕竟广州自然环境下的微生物和当地的微生物不一样，泡椒泡菜受微生物影响极大，而泡椒泡菜又是川菜的灵魂之一。再者，考虑到老广对辣的接受能力，一般的川菜馆也会做出一定的妥协。

但认真的文书兄不妥协，他要做的川菜，是给喜欢川菜的客人吃的川菜。不习惯川菜味型的人，你无论如何妥协，如何取悦，都不会俘获他的芳心，朝三暮四、不专一，到头来还把喜欢川味的客人得罪了。他坚持做尽量地道的川菜，从川渝地区运来食材，连不值钱的卷心菜都来自重庆。烹饪方法则更是坚持传统，师傅来自川渝这当然是必需的，更时不时请来江湖菜教头刘波平师傅予以调教指导。如此这般，渝城味都在广州打出了名堂，当天订位，一房难求，连来自川渝地区的川人吃过后也赞不绝口。

生意如此火爆，坚持下去就可以了，但爱折腾的文书兄有个口头禅：“不行！”他在繁荣中看到了危机：虽然生意不错，但餐厅的就餐环境还偏于低端，已经不适应商务应酬的需求。于是，渝城味都除了保留一楼大厅正常营业，二楼包房重新设计、重新装修，连餐厅名称也改了，舍弃已经打出知名度的“渝城味都”，改为“新渝城”，大有“痛改前非，重新做人”的气势。菜品上也做了迭代，他带着几个师傅到成都走了一圈，观摩学习，推出了更加精致的官府菜，小龙虾、花胶、海参也搬上川菜的餐桌，让大家见识到川菜不辣的一面，当然也顺便提高了客单价。“新渝城”的川菜，江湖菜、官府菜齐驱，声誉与金钱齐来，文书兄咧着地包天的笑容，原本就不大的眼睛笑成了一条细缝。

这下总可以了吧？“不行！”文书兄认为，川菜在广州毕竟是小众菜，客户群有限，粤菜才是广州餐饮市场的主流，他要在这个市场分一杯羹。于是，他做起了粤菜，而且不是简单的广府菜，而是将广府菜、客家菜、潮州菜一网打尽，取名“广东道”。这是一个连广东人想都不敢想的做法，因为虽然同为大粤菜家族，广府菜、客家菜、潮州菜在味型、用料、烹饪手法上完全不同，这意味着同一个餐厅，必须请来三个厨师团队，采购上也要对三个小菜系有充分的认识。但是，奇迹发生了，这一切不可能都给文书兄变成了可能，他在餐厅里设计了三个开放式的明档，三个厨师团队隔着玻璃，在客人面前表演厨艺。这一招效果意想不到的好：客人看到琳琅满目的真实菜品，这个想试，那个也想要，这种诱惑除非囊中羞涩，谁能抵御得住？师傅们每时每刻都处在客人的监督下，干净卫生自不待言，做起事来也不敢马虎，而认真做的菜，怎么可能不好吃！

这种让客人“一日看尽长安花”的经营策略，加上文书兄擅长的成本控制，让“广东道”一开业即火爆，一个重庆人彻底征服了广东人的味蕾。位于越秀区的总店每天一位难求，在天河、白云区连开两店，也

至正私厨

每天人头攒动，文书兄每天都是在梦里笑醒的。

别忘了，文书兄的口头禅是“不行”。笑醒的他从床上爬起来，想到的就是继续折腾，这回他想折腾的是高端的潮州菜。他意识到，取得成功的“新渝城”和“广东道”，客单价不高，在日益高涨的租金和人力成本面前，压力日增；高端的潮州菜，人均消费动辄过千，才可跑赢租金和工资。当然了，高端潮州菜在广州市场比较窄，竞争也激烈，文书兄选择的跑道是发挥其成本控制的长处，做中端的潮州菜，目标客户是人均消费五百元左右的客户，取名“至正潮菜”，地点就选择在广州最红的地方K11和环市路的中环广场。文书兄不鸣则已，一鸣还连鸣两声，弄出两个店，希望商场可以引流，做年轻人的生意。

这次折腾遇到了挑战，这两个店并没有一炮走红。在我看来，在租金昂贵的特大城市，潮州菜没有中间路线，要么在高租金的旺区做高端生意，要么在稍为偏僻的地方做大众餐厅。潮州菜的分级是如此的极端，原来就是大众消费的，到了香港才将它往高里拽，高端潮州菜就是“出口转内销”的产物，潮州菜本来就没有“中端”基因，中间路线容易两头不讨好。开业不久，还来不及调整，新冠疫情暴发，文书兄的这次折腾不太成功。

不成功就算了吧？“不行！”还必须继续折腾，这次折腾到了深圳。文书兄认为，深圳的市场与广州不一样，大量的外来人员，大量的商务应酬，不可能都承受得起高消费，人均大几百的中端消费应该有市场。这次他看中的是华侨城一个单幢物业，环境非常好，投入也不多，而且得到厨神蔡昊帮助，将菜品全面升级，基本是“好酒好蔡”的低配版。蔡昊兄几乎把一个完整的厨师团队派了过来，手把手地调教，深圳华侨城“至正潮菜”一炮而红。受此鼓舞，文书兄又在深圳万象城开出

“至正潮菜”分店，也是生意兴隆，财源广进。深圳的成功，再次印证了文书兄对市场敏锐感知的能力。即便疫情反复，也可以抵御得了，这让我对他刮目相看，而且，一向控制成本的文书兄，在服务上并没有什么特别之处。今年至正潮菜拿下了“黑珍珠一钻”，这说明文书兄已经具备了驾驭高端餐厅的能力，实在是可喜可贺！

文书兄总闲不下来，不断折腾是他的常态，最近两年他把折腾的目标放到了两个新区：黄埔区和白云新城。这两个新区都是人口净流入的新区，经济活力也是日见增长，文书在黄埔区的店将近六十间房，规模超大，但估计近期压力也超大。至于白云新城，每次提起，他都两眼放光，原来“广东道”白云区的老店即将到期，他把目光投向更有聚集力的白云新城，现在正紧锣密鼓地推进。疫情当前，这多少有点激进，文书兄的说法是，必须居安思危。原来越秀区总店和白云区店都面临租约到期，这些地方人口和经济都在走下坡路，他必须及早布局，随时准备转身。看来，文书兄的折腾，不是瞎折腾，而是有备而来，时刻带着危机感。

文书兄极具餐饮业商业触觉，这是他敢于不断折腾的底气，但他并非不知进退，多谋善断、敢于放弃也令我十分佩服。他看好广州的新区南沙，从疫情也看到租赁物业应变危机的局限，在两年前就在南沙买下了商业物业，但考虑到疫情没完没了，南沙的商业氛围还不足，而他自己的商业王国近两年收入受影响，文书兄果断地在交楼前退楼。尽管要付出数目不菲的违约金，但却收回了买楼款，保证了充足的现金流。一年前他启动了他的火锅梦，在消夜胜地珠江新城兴盛路开了他的第一家火锅店“山城集”，他的想法是先开一家摸索经验，然后进行复制。但是，这一家开出来后连续亏损，文书兄见势头不对，马上结业，投资近百万的亏损他毫不犹豫断尾止损。这种果断，也是十分的了不起。

永不满足、果断，这一般又伴随着“够狠”“够霸道”，但恰恰相反，在文书兄身上表现出来的是温和、周到、谦恭。别人介绍他时，他会腼腆地说：“哪里哪里！”夸他事业有成，他会说：“不行不行！”朋友有难处，他会热心地张罗，牵线搭桥，典型的好人一个。

极有主见的文书兄，并不轻易接受别人的意见。这是一把双刃剑，不被别人所左右，让自己可以走得更远，前提是自己预先选定的路子是对的；一旦事先判断有误，又不接受别人的意见，就容易犯错。好在文书兄纠错一向十分坚决，但是纠错也是有成本的。文书兄意识到这一点，希望在经营决策上有个参谋，提些足以让他听得进去的意见。这个“能让他听得进意见的人”，居然选择了我。其实我胜任不了这个角色，餐饮企业的经营管理我并不懂，他才是专家级的。我指指点点，不就是班门弄斧？比如他选择做精致餐饮“至正潮菜”，我就认为文书兄擅长的成本控制基因与精致餐饮有冲突，给他泼了不少冷水。事实证明我纯属胡说八道，深圳华侨城“至正潮菜”就用“黑珍珠一钻”证明，文书兄完全有能力同时在精致餐饮和大众餐饮两个赛道自由切换。

文书兄酒量极好，尤其擅长喝香槟酒加各种酒，这种超强的喝混酒功力，一般人并不具备，这让很多人成为他的手下败将。他又是一个很好的饭搭子，极佳的胃口，也带动了同桌的食欲，如果需要找一个人吃饭，文书兄就是一个好选择。当然了，你的酒量没有半斤八两，就不要有这个想法了。

疫情的反复，将会持续地影响着餐饮业，衷心祝福文书兄能行稳致远，继续圆滚滚，不断地财源滚滚。

CREATER
CO-CREATER

喜客彪哥

尽管“食在广州”这个说法还未受到公开挑战和质疑，但广州在全国城市中“美食一哥”的地位已经动摇，甚至有被超越的迹象已经呈现。在以高端精致为标准的各个美食榜单中，广州已经全面落后于上海和北京，尽管这些榜单不能代表一个城市的美食文化与水平，但也代表了高端需求那部分。这当中原因很多，但有这样一个原因：广州人“务实”的消费观，不愿意为美味之外的服务、环境、文化买单，而这些，恰好是各个美食榜单所看重的。

顾客的消费偏好决定了市场的走势，市场这根指挥棒又决定了餐厅的定位，尽管也有人“逆市”而为，雄心勃勃地打造高端餐厅，但绝大多数都以悲壮的结局收场，能既受各个榜单青睐，又能生存下来并且盈利的，凤毛麟角。这当中，创造了奇迹的，就有美食江湖里被人称为“喜客彪哥”的魏旭翔先生创办的“跃”，餐厅开业一年即获“米其林餐盘”“凤凰网金梧桐年度餐厅”“黑珍珠二钻”的美誉，成为美食爱好者的打卡地。“凡尔赛”的最佳背景，到“跃”吃饭，展示一下烧鹅腹内的八只干鲍，已然是迈入高端消费群体的时尚标志。

认识彪哥，也是经人介绍，介绍人还是广州美食活地图闫涛老师。几年前的一个周末，闫老师说在我家附近新开了一家“大龙凤鸡煲”餐厅，邀请我去试一下。这个餐厅还在试业期间就已经成为话题焦点——以广府人喜欢的鸡为食材，里面居然有名贵食材花胶、鲍鱼、榴莲等，形成一系列的各种“煲”——广府人把火锅与煲分得很清楚，浓汤稠汁的叫煲，清汤寡水的只配叫火锅。未正式开业就已大排长龙、一位难求的餐厅，自然吊足了我的胃口。我欣然应允，带上老婆大人准时赴约，准备大吃一顿霸王餐。

准确地说，这一次不算认识了彪哥，因为他压根就没出现——开业庆典是在当天的中午，他早已经喝多被抬回家，彼时还“生死未卜”。接待我们的是他的一位拍档，总是笑得眼睛眯成一条线的娃娃温筱雅。这个餐厅没有包间，最高级的也就是卡座，我们七八个人挤在卡座里，这样的就餐环境，已经让我心里大皱眉头——这样的环境，怎么可能有好的食材？闫老师大概看出了众人的心思，连说：“对不起对不起！没想到没想到！大家将就将就。”我装作无所谓，点了一煲花胶鸡，心想，花胶不行，鸡总还可以吧？一会儿，花胶鸡煲上来了，揭开锅盖，香气扑鼻，然而一吃，却是另一番感觉：花胶当然是选取最廉价的那种，有限的胶原蛋白，无法带来软糯的口感，脆爽就是低档花胶的标志，这一点因为有心理准备，打击倒不大，但鸡也是养殖场的大肥鸡，而且可能是冰鲜的，则让人失望至极。当然，这可以理解，大龙凤面对的顾客是价格敏感人群，各方面成本都要控制，用便宜的价格让大家吃到花胶、鲍鱼这些高端食材，也只有找入门级以下的品种了。后来的市场也证明了这一点，大龙凤不适合我，但并不妨碍它门庭若市。这顿饭，吃得我终生难忘：回到家打开冰箱，只有一包汤圆，马上煮汤圆吃，这是我至今为止吃过的最好吃的汤圆。

之后倒是经常在各种美食聚会圈见到彪哥，原来，大龙凤只是他餐饮王国的冰山一角，主打婚宴的喜客喜宴，给他带来滚滚财源，也给了他“喜客彪”的称号。将供应商和餐厅引入一起办公的联合办公场所“联合造食”，则完成了他进军房地产、当二房东的梦想。善于营销、定位精准、想法多多是彪哥给我的初步印象。后来听说他开了一家高端餐厅，确实令我匪夷所思。还是闫老师组织，这次虽然不想去，但碍于闫老师的面子，和彪哥也算熟悉，加上闫老师拍胸脯保证，为了防止我再次踩雷，他已经试吃了一次。是的，从那一次“大龙凤事件”后，闫

Yue
Bill

老师组局，都会自己先去吃一次。这一次确实让我大开眼界，“跃”以各种大胆的颠覆性创新演绎着粤菜，好吃又好看，广受好评。

原来，貌似憨厚老实的彪哥，这几年一直在寻找市场的突破口，憋大招。几个网红餐厅只是为了营利，更大的使命感，一直在他心中，为传统粤菜寻找一个全新的突破口，是他的真正梦想。找来做过中餐但更擅长西餐的陈晓东师傅当主厨，到欧洲米其林餐厅打卡偷师，他们想打造的餐厅基因已经早就定格——以西餐烹饪风格表现中国味道；到广东各地采风，为的是寻找创作的灵感，不是抄袭，而是为了来个大出意外；清一色的年轻厨师，目的就是为了没有传统的记忆，一切为了创新；员工比客人多，经常性的培训，为的是打造符合国际标准的服务；四位外表俊朗的合伙人，总有一位驻店，既不影响对外学习交流，也让客人享受到老板的贴心服务和贴身服务……

四位外表俊朗的合伙人，当然包括了彪哥，别看他虎背熊腰，但却长着一副可爱的娃娃脸，迷人的酒窝，广受女顾客的喜欢。有酒窝的人，笑容总挂在嘴角，一副虚怀若谷的样子，很受喜欢指指点点、好为人师的食客欢迎。彪哥实质上是“虚心接受，样样照旧”，最起码我觉得，我给他提的意见，他除了认真地倾听、诚恳地感谢外，没有任何改变。创新，需要的是明确的目标，坚定的步伐，你一言我一语，前修修后补补，出来的东西可能就是四不像。这一点，他很坚定。

长着一对可爱酒窝的彪哥，酒量很是惊人，对着他擅长的干邑白兰地，一瓶直吹下去不在话下，前提是XO级及以上的，而且还要有对手。因为擅饮，名声在外，反而很好地保护了自己：一般人听说他的酒量和这种不要命的酒胆，早已闻风丧胆，偶尔遇到惹是生非的，他一句“系唔系先”，对方基本上已经缴械投降。豪爽的酒风，源于豪爽的性格，而且，豪爽起来自然而然、润物无声，让爱面子的我也很好接受。我时不时在他的餐厅宴客，他知道我不喜欢吃霸王餐，就以自己在场的周到服务让我在朋友们面前很有面子。有次我请一位外地来的大哥吃饭，他很合时宜地以“辉哥的大哥更是我的大哥”为由请客，让人无法拒绝又面子足够。我的美食随笔《吃的江湖》出版，他一买就是一百本，而且还以“新一季的菜单刚好要推出”为由，包下了我的新书出版庆功宴，一出手就是大几万，不得不让我感动。

经常的应酬，过量地喝酒，已经透支了彪哥的身体，痛风的人见得多了，但痛风严重到需把手脚关节的“痛风石”用手术取出来，还真的只见到彪哥一个。“好了伤疤忘了疼”，这一点在彪哥身上倒不会出现——他走路基本上多数是一瘸一拐的，从来就没有好过，给他医痛风的医生，在他面前注定会身败名裂。一个人坚强到这个份上，不成功都有难度。继“跃”之后，彪哥又推出了“焯跃”，一样引起全城轰动，一跃成为广州最贵的餐厅。马上还有“潮跃”横空出世，相信同样会吸引眼球，成为全城吃货消费的新热点。

高歌猛进的彪哥，风光无限，风光背后，也痛风无限。希望彪哥爱惜自己的身体，因为，广州高端粤菜这面旗，还需要你和蔡昊、黄景辉等餐饮大佬一起扛。

蚝爷和他的蚝宴

在餐饮圈，一提起蚝爷，基本上都认识，这倒不是说他生意有多成功，或者厨艺有多高超，之所以名震餐饮圈，主要是因为蚝爷和他的蚝宴太有个性了，用流行语言说就是：蚝爷成功地打造了他的个人IP。

蚝爷的真实名字叫陈汉宗，汕尾人，被人称的“爷”，可谓“历史悠久”：清朝末年，蚝爷的乡里出了个举人，名字就叫陈汉宗。举人陈汉宗在乡里口碑甚好，被人尊称为“举人爷”，蚝爷与他同名同姓，打小就被乡里人戏称为举人爷。汕尾与深圳交界，到深圳打拼，是汕尾人的一条重要发展路径，假举人爷也选择了这条路：入读年轻的深圳大学，毕业后留在深圳工作，然后自主创业，开办以蚝为主题的餐厅，声名显赫，大家也把“举人爷”叫成“蚝爷”。

陈汉宗称“爷”历史悠久，但让人叫得这么顺口，还是因为有他令人信服的地方的，那就是他的蚝宴。蚝爷的家乡汕尾市，具有广东省第二长的海岸线，螺河、黄江、乌坎河和赤石河四大水系，为蚝这种生长在温暖的南方海域、岛屿周围的海床及岩石上的美味，提供了丰富的藻类、微生物等营养源。汕尾、台山、湛江是广东省的优质蚝产区。蚝爷一头扎进蚝里，从养蚝、晒蚝到蚝宴，产业链全覆盖，肥水不流外人田，一个人全赚了。将一个单品做出一桌宴席并不难，但一个餐厅，以一个单品为主题经营就太不容易了。须知所谓“百吃不厌”，只是一个传说，刁嘴的人，最容易审美疲劳。二十年左右的琢磨，蚝爷把头发都想白了，研发出了一百多道蚝菜，根据季节的不同，搭配不同的食材，加上家乡汕尾的特产，魔术师般地推出一桌桌蚝宴。其中的几个经典款，我非常喜欢：

取养足六年的汕尾蚝，用卤水浸熟，然后再冰镇降温，一只卤水蚝有二两重，一开二后与各种鱼生形成一个刺身拼盘，既好吃，又可以卖出不错的价钱。国人以熟食为主，尽管蚝生吃也是美味，但熟吃有生吃无可比拟的特殊风味：低温浸熟的蚝，温度使蚝里蛋白酶变得异常活跃，加热破坏了蛋白质和蛋白酶的细胞壁，蛋白酶对蛋白质进行分解，生成了更多的氨基酸，强化了蚝的甘鲜滋味；随着温度的升高，香味化合物也变得更易挥发，闻起来更香；脂肪酸、氧分子、氨基酸和二甲基硫等物质交互，产生新的挥发性分子，香味变得更浓郁、更有层次；卤水的香料，给蚝带来更厚重的滋味；将卤水蚝冰镇更是伟大的创造——蚝的鲜味来自于氨基酸，氨基酸在16～120℃这个区间，温度越低，其分子结构越稳定，表现出来的就是越鲜。蚝在10～25℃时摄食才肥美，所以冬至至清明节是吃蚝的季节。作为一个以蚝为主题的餐厅，其他时间怎么办？蚝爷用低温急冻技术，很好地解决了这个问题。冷冻可以保鲜，但却容易产生冷冻变质，蛋白质一旦失去正常水分，原本维持其反复折叠结构的键结便会受到破坏，然后蛋白质就会展开且互相结合，造成坚韧、空洞的网状组织，在烹煮时无法保有湿润，吃进嘴里则变成干涩、有纤维感的蛋白质团块。好消息是蚝的含水量很高，以上问题在冷冻蚝身上不会太严重，所以蚝适合冷冻。普通的冷冻，蚝里的水结冰，形成冰凌，同时发生膨胀，这会刺破和挤破蚝里的蛋白质和氨基酸分子，一旦解冻，就会导致蛋白质和氨基酸的流失。蚝爷通过低温急冻和分层解冻，使冰凌变小，对蚝的营养成分损害没那么大，风味基本得到了保持，而缺失的那部分，卤水香料的风味给了很好的补充和掩盖，实在是高！

大只的生蚝，与鲟鱼头、花胶、猪脚共冶一炉，核苷酸和谷氨酸协同作战，将鲜味提高二十倍。花胶和鲟鱼头、猪脚释放出来的胶原蛋白形成一层明胶，给这些食物带来软糯口感的同时，也将蚝里易挥发的

湿地蚝宴

二甲基硫等芳香物质罩住，这些香味本来只是“闻起来香吃起来不香”的，由于挥发不了，被送进口腔咀嚼后再被嗅觉受体捕捉到，因此吃起来也香。这煲又鲜又香、营养丰富的“十全大补”，被蚝爷赋予了滋阴壮阳、美容养颜的任务，广受人民群众的欢迎：好吃已经俘获了人心，软糯更让人与营养丰富联系起来，鲟鱼和蚝传说中的壮阳功效，花胶和猪脚传说中的养颜作用，满足了男男女女对美好生活的向往。

生蚝晒成蚝干，发生褐变，呈现出金黄色，称为金蚝。将蚝晒制成溏心，这是蚝爷的伟大发明。六年龄的生蚝，取肉后风干日晒十五天，生蚝里的水分从80%降到15%，各种细菌和霉菌离开了足够的水后无法存活，所以这时的金蚝不会腐烂，也不会发霉。再经过三年的转化，奇迹终于发生：生蚝里的蛋白酶对蛋白质进行分解，发生轻度水解，产生软糯沾刀的溏心现象；大分子的蛋白质分解为呈鲜味的氨基酸，丰富的肝糖分解为甜味的多糖，这就是金蚝又鲜又甜的秘密；水分大量流失，生蚝的重量减少了65%，芳香物质得到浓缩，香得让人陶醉。用高度威士忌烧溏心金蚝，这是一个绝配——蚝与威士忌都有相似的味道，比如奶油味，因为它们都含醋双乙酰；比如坚果味，它们都含苯甲醛；比如金属味、石头味，因为它们都含硫化物；比如泥土味、蘑菇味，它们都含辛烯醇；比如花香味，它们都含芳香醇、香叶醇、苯乙醇、橙花醇；比如果香，它们都含乙酯、乙酸脂。用威士忌烧过的溏心金蚝切成薄片，再用火枪灼烧一下。一口金蚝、一口威士忌或红酒，闭上眼睛，你会感受到，原来大自然和食物如此神奇！

二十年琢磨蚝，这既要坚持，也要创新，这两种看似完全矛盾的精神，在蚝爷身上却得到了统一。平日里一袭唐装示人的蚝爷，顶着一头发亮的银发，貌似一名老学究，但受过高等教育、学过现代管理的蚝爷，却充满学习精神，虚怀若谷，不耻下问。他的威士忌烧溏心金蚝，是盐板烧溏心金蚝的升级版，就是源于厨神蔡昊给的建议。

二十年磨一剑，蚝爷喝多时，也确实有点“贱”。热情开放的蚝爷，见到好朋友，都忍不住会来一个拥抱。酒要喝够，兴之所至，蚝爷变成豪爷，左手拿杯，右手执瓶，追着朋友们来个一醉方休。酒到酣处，必有深情拥抱相赠，外加粗硬胡子扎脸帮助醒酒。据闫涛老师回忆，他本人还收获过蚝爷的法式湿吻。当然，上述情况只发生在男士身上，这倒不是说蚝爷有异于常人的性倾向，而是蚝爷的热情是有度的，对女士，他一向表现出绅士的翩翩风度。

蚝爷的热情，伴随着大方。朋友们聚会，即使在他人的主场，他也一定要安排大家去他店吃一顿，如果大家说没时间，那夜宵也必须安排。他开发的金蚝月饼、金蚝腊肠我很喜欢。有一年中秋节，见他在朋友圈中推广金蚝五仁月饼，我悄悄上网订购，货到时打开一看，除了订购的两盒月饼，里面还塞满了腊肉、腊肠，那个价值，比我付的月饼钱还多。他不吭声，我也装哑巴，直到有一天他终于忍不住揭秘了，原来他自己管着微商的后台。

从养蚝到晒蚝，再到做蚝宴，微店还自己管，这种精力和投入的专注，不服不行。看着仅比我大几岁又满头银发的蚝爷，我们在佩服的同时，也免不了为他担心。毕竟，人的精力是有限的，又不是孙悟空，何来的三头六臂？好消息是，蚝爷的儿子出道了，最近的聚会，蚝爷频频带着蚝仔出来亮相，伟大的溏心金蚝这种美味，不会失传。

真心祝福蚝爷的生意红红火火，“蚝”情万丈，“蚝”事连连！

谷爱凌喜欢的羊大爷

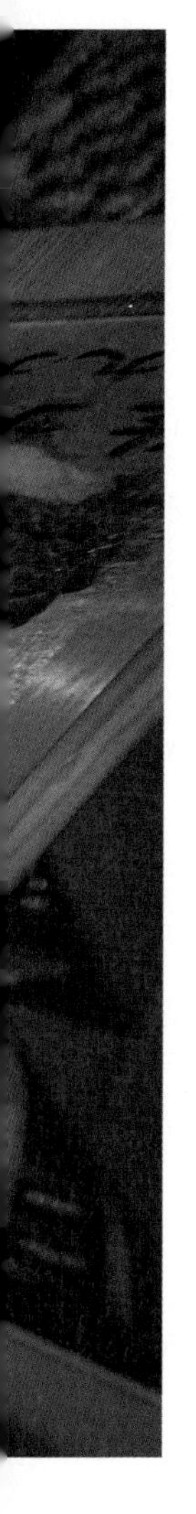

烤鸭、烤肉、涮羊肉，这是老北京留给大家的美食记忆。物资匮乏年代，肉给大家的好印象，确实难忘。现在营养过剩，肉也不缺，北京“三宝”也好像没有那么非吃不可，但是“羊大爷”涮羊肉却是我每次到北京都会去的，那里除了好吃之外，还有热闹和亲切。

如吃潮汕牛肉火锅一样，将一只羊分成不同部位来涮，每个部位口感、味道都不一样，这与传统的涮羊肉已然是天壤之别。肌肉跟骨头相连的羊肉筋，肥瘦交织，只需十秒，便呈现出诱人的粉红色，肥肉不腻，瘦肉不柴，柔嫩之余，略带韧性；带着富有韧性的筋膜，肥瘦各半的羊后腿肉，口感上更具嚼劲，越嚼越香；三分肥七分瘦的羊前腿肉，用力比后腿少一点，筋膜也就少了一些，肉质也就更娇嫩多汁；位于羊后腿前端与腰窝肉附近的元宝肉，三层夹筋围裹，纤维细小而紧致，肉质细腻嫩滑，一次性夹起几条涮至变色，再蘸满厚实的麻酱料，丰盈鲜香，是挑剔的老饕也难以抵挡的亲切味道；薄如纸、脂肪如大理石花纹般均匀分布的羊上脑，带来细嫩油润的口感，咂摸几下便化在舌尖，留下一串清香。

腱子肉和剔骨羊排居然也可以拿来“开涮”，前者嫩中带脆，后者带有奶香，既令人销魂，也让人脑洞大开；靠近羊心脏的胸口油，位于脊骨外侧的羊外脊，经过茶叶、松柏、花生壳等材料的三十分钟烟熏，鲜肉以成熟老练的样貌重生，油腻的胸口油再用喷枪一燎，边缘卷起，涮上几秒，烟熏味、焦香和肉香交织缠绵。经过烟熏的细嫩多汁的羊外脊，手切出的厚实肉片，禁得起大口咀嚼，肉香与烟熏香在口中炸开，畅快淋漓；吃羊肉，大家会想到著名的烤羊肉串，羊大爷也有羊肉串，而且是涮的，将羊腱子切块穿串，在锅中涮上三四分钟，均匀撒满烤羊肉串小料，既有烤羊肉串熟悉的味道，又没有烧烤不健康的多环芳烃。

不见烧烤的油腻，只留纯粹的肉香，这让家长更加放心，成为全家乐不可或缺的硬货；而对于喜欢追求刺激、寻找话题的食客，开涮之前的羊眼、羊睾丸、羊腰子和羊鞭，足以打开话题，而且滋味也十分可口。

这简直是艺术家般的想象力，没错，羊大爷本来就是位艺术家。“羊大爷”其实是店名，但美食圈也把老板蔡世红称为“羊大爷”。羊大爷在开餐厅之前，从事的是电影书籍出版工作，也经营过电影书店，组织过国内第一个电影沙龙，更参与过电影电视制作。进入餐饮圈涮起羊肉，这是一种必然的安排。

生长在电影世家的蔡世红，从小条件优越，与美食结缘。“文化大革命”期间，原本的革命家庭变成问题家庭，他也只能自己烧火掌勺，从此喜欢上了烹饪。热情好客的他，囊中羞涩之时，也在家里下厨，呼朋唤友，不亦乐乎。还是在1993年，他到广州出差，朋友请他到自己开的饭店吃饭，这种既对外做生意又可招呼朋友的开店方式，让好客的蔡世红深受启发，回到北京后就决定依样画葫芦，山寨一个。

画哪种葫芦？涮羊肉吧！既然弄个餐厅的目的之一是为了请客，除了请得起，当然必须自己喜欢吃，流水的客人铁打的自己，自己才是吃得最多的那一个，当然必须选择自己喜欢吃的。作为一个出生在北京的潮汕人，蔡世红太喜欢涮羊肉了，简直是百吃不厌，连追羊大妈都是在一起涮羊肉中涮出友谊、涮出感情、涮出婚姻。再说了，涮羊肉相对简单，经营起来容易，舍羊其谁？单位旁边刚好有个三十多平方米左右的铺面，把它租下来，招几个小工，摆下六张桌子，这就开张了。店名就叫“羊大爷火锅店”，到市场买好一点的羊肉卷，调好自己觉得满意的蘸酱，这一炮虽然没怎么响，但也没炸自己手里。毕竟除了请客吃饭，两年多了，没亏，虽然也没赚，但也完成了“请客吃饭”的任务，餐厅

也算是“不忘初心，牢记使命”，合格。

城市拆迁，把“羊大爷”的革命根据地一锅端，几个月后，终于找到了另一个铺面。有了第一次“不亏”的成功经验，蔡世红信心更足了，这回弄个大的，一百多平方米，二十几张桌子，店名更简洁，就叫“羊大爷”，菜品呈现方式也来个改变，将一盘盘羊肉卷改为一米板上桌，气势恢宏。没想到这一简单的改变，一下子就火了，生意兴隆之外，“羊大爷”也声名鹊起，在涮羊肉圈里火了起来，居然还有人找上门来要求加盟。看来这是值得琢磨的一件事，不仅仅可以完成“请客吃饭”的任务，还可以赚钱。当然了，火了起来后也有不好的，那就是这世界上没多少人记得有“蔡世红”这个人，却多了个“羊大爷”。当然了，这个“爷”读二声，不读一声。

原本只想弄个可以招呼朋友又不亏钱的餐厅，没想到火了起来，羊大爷看到了金灿灿的银子在向他招手，这种“眼前的苟且”，似乎也不逊于电影艺术那些“诗与远方”，羊大爷决定好好琢磨“羊大爷”。

先琢磨出品。涮羊肉从小吃到大，又爱逛肉菜市场的羊大爷，又有了两年多的经营心得，对羊肉可谓“门儿清”。市场上涮羊肉竞争激烈，为了降低成本，多选用半年龄的饲养羊，这种羊肉风味物质不够，羊味不足，羊大爷选用一年半龄在草原放牧的成年羊，羊肉味足，膻味少，当然价格也高。屠宰、清洗、排酸、低温速冻，羊大爷硬是在实践中摸索出一套符合现代食物处理的科学方法。传统的涮羊肉，只选取前腿、后腿、羊肉筋等部位，羊大爷艺术家丰富的想象力这下派上了用场，琢磨出十八种部位，让羊尽其用，又带来全新的风味和口感。每发现一种新部位和新吃法，羊大爷都异常兴奋，呼朋唤友过来尝试，得到认可，手舞足蹈。烟熏火燎、以花入菜，更是异想天开，引得大家拍案叫绝。各种创新，让同行愣了五六年才回过神来抄作业，而此时的“羊大爷”，已是一骑绝尘，声名鹊起，攻城略地，连开出九家店，笑傲涮羊肉江湖。

再琢磨酱料。改革开放前，涮羊肉也只存在于那几家“不无故殴打顾客”的国营老店，涮羊肉的蘸酱是传统的芝麻酱、韭菜花酱、腐乳、卤虾油和料酒几样调料捣鼓而成。改革春风吹到北京，涮羊肉店如雨后春笋，各家也祭出自己的独门蘸料。那时做蘸料的小料工，工资奇高，秘方绝不外传，把自己关在小房子里一阵捣鼓，有人弄出18种香料，就有人弄出36种，有72变，就有108好汉，神秘得很。羊大爷经过一轮考察比对，发现这些都是故弄玄虚，或者是一通瞎搞，各种香料把羊肉的鲜味给盖住了。但传统的芝麻酱也确实很油腻，吃了一顿涮羊肉得歇好几天才想吃，羊大爷在这个方向下功夫，用芝麻酱、花生酱不断调试，二八酱、三七酱、五五酱试了一轮，最后固定下来形成了独具一格的“羊大爷酱”。酱上面那个充满艺术形象的“羊”字，是腐乳酱，倒不需要羊大爷出手，普通员工也已经训练成书法家。近两年羊大爷又捣鼓出醋蒜蘸料，虽然不能增香，但更能解腻。

又琢磨餐厅风格。涮羊肉是老北京的传统美食文化，餐厅风格当然必须表现出老北京的风范，但太“老”又容易让人觉得与时代拉开了距离，所以又必须增加点时代元素。羊大爷本身就是艺术家，设计也就无须假手于人，近年学电影导演专业的儿子又帮上忙，这就如虎添翼了。餐厅的整体风格热烈又温馨，店里随处可见的景泰蓝、葫芦、京剧盔头，盛羊肉的一米长剑、金元宝，展现出羊大爷的浪漫主义涮肉哲学。与实物一比一的菜品，整齐罗列在显眼位置，不需要菜单，不需要扫码，看上哪样就拿起菜品前的彩色筹码，一并拿到收银台下单即可。

这种好玩的点菜模式，让大家如入赌场下注般，未曾开涮，已经“开涮”，好玩。

是的，羊大爷本身就是一个极好玩之人。各路朋友到他的店，他早早准备，在店里恭候，挂在脸上的笑容，灿烂发自内心。第一次见羊大爷，他就拉我坐在他身边，说我长得像他的几个姨妈，连说话的腔调都像。羊大爷是长在北京的潮汕人，京话字正腔圆，姨妈们操着李嘉诚式的“潮普”，当然与我极像；我说话慢条斯理，倒不是不急不躁，而是想快也快不来，这刚好与羊大爷的姨妈们有些相似。从此，羊大爷、羊大妈对我的称呼就变成“长得像姨妈的林老师”，幸亏没说成大姨妈。

开餐厅的初衷是为了方便接待朋友，羊大爷接待各路朋友尽心尽力，劝大家大口吃肉，大杯喝酒，自己也嗨皮得眉开眼笑。美食界的朋友到北京，羊大爷处几乎成了消夜的固定场所。我是不喜欢消夜的，但每每有人提议说饭后去羊大爷处嗨皮，我都毫不犹豫地附和。和羊大爷一起相处，打心里舒服和开心，可惜每次去之前都已经吃饱了，下次一定留着个空肚子去，不辜负那一大桌美味的羊肉。

对了，羊大爷那里也是可爱的谷爱凌喜欢的地方，在那里涮肉，冷不丁你就会碰到哪位明星。不过，美味当前，估计你也没空理他们，明星们也应该没空理你，这种“举头望明星，低头涮羊肉”，也算是羊大爷的一个特色了。

又想羊大爷了。

美食家

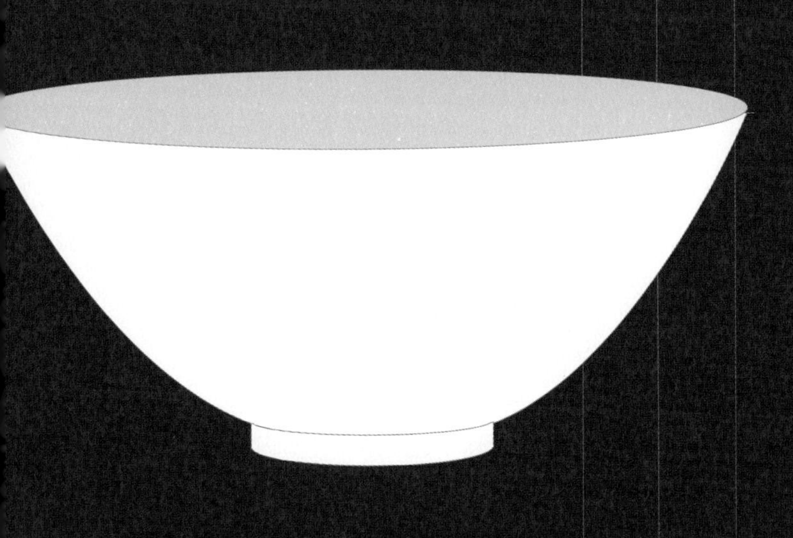

美食大家陈立老师的家宴

与蔡昊大师相约，到杭州看望美食大家——《舌尖上的中国》和《风味人间》总顾问陈立老师。

小宽说他自己被叫“美食家”，总会脸红，不就是写几篇美食评论文章而已，怎么就成名成家了？汪朗老师给“美食家”的定义是：既要懂吃，还要著书立说。陈晓卿老师说自己只是个美食爱好者，如果朋友圈里突然冒出个美食家，估计是主业失败了。随着餐饮业的发展和美食文化的推广，各种美食推文和评论出现在自媒体和传统媒体间，“美食家”的泛滥成为一种现象。部分“美食家”，说句好听的，其实是“餐厅推手”，说句不好听的，叫“托”。但还是有“美食家”存在的，比如蔡澜、沈宏非、陈晓卿老师等，而陈立老师，我毕恭毕敬地称其为“美食大家”。

陈立老师出生于杭州，少时成长于陕西，浙江医科大学毕业，又到香港大学攻读社会心理学，做过精神科医生，还是讲授精神分析、心理学、考古学、人类学的教授，做过上市公司的独董，还在香港亚洲电视当过主持人，主持《你说怎么办》和《越食越疯狂》两档节目。他还是台港澳问题和两岸关系的专家，从二十世纪九十年代起就先后出任杭大和浙大台港澳研究机构的负责人。如此丰富的学术素养和从业经历，是他分析美食异于常人的关键，丁磊称其为“行走的百科全书”，陈晓卿老师评价他：“当今国内很难找到像陈教授这样既有家学渊源，又有个人眼界的学者。”一点都不过分！

热情好客的陈立老师，把自己的家变成美食圈的会客室。陈宅位于浙江大学的一座老式教工住宅楼内，三房一厅，估计不过九十平方米，就是这个略显寒酸的地方，却是全国最忙的客厅。每天晚上，都有来自全国的各路人马到这里吃饭 、喝酒、品茶、聊天，陈立老师和夫人轮番上阵，亲自做菜招待客人。可以这么说，没到过陈宅，没吃过陈家家宴，说明在美食圈还混不上档次。

去年五月，我在高尔夫球场首次一杆进洞，十月邀请一众好友到长三角转悠一圈，到了杭州，因人员太多，没敢打扰陈立老师。陈立老师从北京美食家曹涤非老师口中得知后给我微信留言：“辉哥，到杭州了？明晚到家里来吃饭？”那种亲切，把我彻底感动。这次蔡昊大师带路专程拜访，杭州美食家眉毛老师作陪。陈立老师记性太好，还电邀曹涤非老师参加。那种周到，我辈自愧不如。

陈立老师认为，一个好的餐厅，买手功劳占了七成。会不会选食材，尤其是当季食材，才是美味的关键。这一顿饭，陈老师的主题是“春”，每一道菜都有故事。产于富春江的“琴鱼”，体型虽小，味道却是鲜美得很。这种鱼冬天冬眠，初春时节正是最为肥美的时候，每年的产量很少，由于产地就在严子陵钓台附近，所以又称“子陵鱼”。这

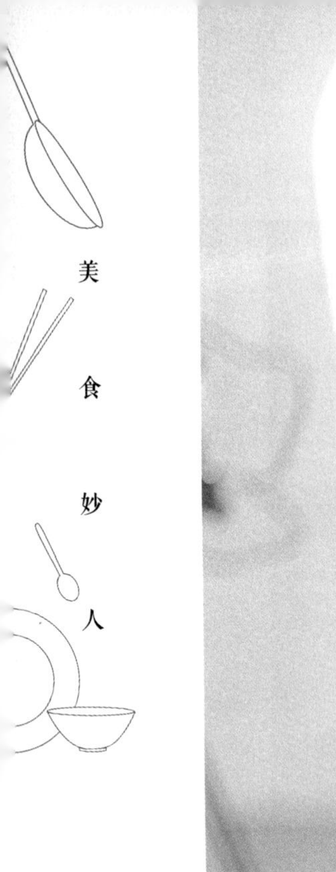

凤凰网美食盛典

个严子陵，是东汉光武帝刘秀的同学兼好友。刘秀即位后，多次延聘严子陵，但他隐姓埋名，退居富春山，在富春江以垂钓为乐，估计也钓到不少琴鱼。这种不慕富贵、不图名利的思想品格，一直受到后世的称誉。范仲淹撰《严先生祠堂记》，有“云山苍苍，江水泱泱。先生之风，山高水长”之语，与我“双鸭山”大学校歌甚为相似。一道菜，又应时，又寄语，寓意深刻，可惜我是凡人，确实做不到，只能低头猛吃琴鱼。

一道“醍醐白芦笋”，既打开了胃口，也打开了话题。春天的白芦笋，鲜甜无渣，用牛奶提炼出来的油脂搭配，清新中带着醇厚。“醍醐”是什么东西呢？李敖说是熬粥时上面的一层浆，佛祖当时就是喝了牧羊女的粥，吃了这层粥水精华而茅塞顿开，醍醐灌顶。但《大般涅槃经·圣行品》说：“譬如从牛出乳，从乳出酪，从酪出生稣，从生稣出熟稣，从熟稣出醍醐。”把醍醐说清楚了，就是奶油，看来李敖说的不对。最早使用“醍醐灌顶”的，是唐朝诗人、画家、鉴赏家顾况，他在《行路难·之二》中有：“君不见少年头上如云发，少壮如云老如雪。岂知灌顶有醍醐，能使清凉头不热。”没有足够的知识储备，找陈立老师吃饭，还真如丈二和尚，摸不着头脑。

陈立老师在陕西长大，上大学前在陕西插队，他的美食菜单里，也少不了陕北美食。他拿出陕西同学送的锅盔和白封肉，说这个白封肉，就是红拂女与唐朝开国名将李靖私奔时吃的，又引出一段故事。《红楼梦》中，林黛玉曾赋诗赞红拂女：“长揖雄谈态自殊，美人巨眼识穷途；尸居余气杨公幕，岂得羁縻女丈夫。”这个红拂女，浙江人，是在隋朝大臣杨素家执红拂的婢女，因赏识同在杨素府中的李靖，两人私奔，后来帮助李世民夺取了天下。三原白封肉，就是将猪肉、猪蹄加入各种调料，炖熟凝成冻状。其特点是肉色洁白，汤冻明亮，肥肉不腻，瘦肉不柴，味醇芳香，与锅盔夹着吃，别有一番风味。陈立老师将它与私奔话题联系起来，让人血脉偾张，精神抖擞，仿佛也有了私奔的激情。这个肉，大家打趣说干脆就叫“私奔肉”。

话题从私奔聊到了男女之情，同去的眉毛老师开玩笑说他的梦想就是开个妓院，如果还与风尘女子有一段情，人生才有点意思。陈立老师当着陈夫人的面，认真地说：“我坦白，我与风尘女子有过一段情。”说他在从事港澳关系研究时，曾因公到过澳门，友人热情款待，酒后到了一夜总会。陈老师问服务他的小姐因何到此。她说，她是学音乐的，想买一把乐器，需要3500元，等赚够了这笔钱，她就回家继续完成学业。陈老师立马掏出3500元，让她尽快回家。两年后，这位姑娘给他发了一个短信，说已完成学业，心里一直惦记着他……陈夫人毫不客气地指出：“你被骗了！”引得大家哄堂大笑，陈老师也跟着笑得眯上了眼。此时的陈立老师，更像个天真的老头。

陈夫人是一家公司的高管，更是陈老师的贤内助。一个不大的家，每天接待这么多人，陈夫人忙上忙下，把家里收拾得妥妥帖帖。陈立老师一会儿说要个什么东西，陈夫人像变戏法般就找了出来。饭是边吃边做，陈立老师夫妇轮番上阵，轮流陪客人聊天。陈立老师掌勺时，要什么调料，也是陈夫人准备好。说实话，陈老师善找食材，而陈夫人做的菜更好吃，两人的配合，让人想起“琴瑟和谐”。客厅的正中央墙上，挂着一幅书法“高山流水”，就是陈夫人的作品。高山流水遇知音，这既是陈立老师夫妇的写照，也是这间客厅每天在演绎着的故事。

与这么一位满肚子故事、幽默又友善的长者聊美食，是多么的有趣。其实，在来访者中，也有不少精神、心理方面找陈立老师开窍的，陈立老师总能准确把握，几句话就戳中人心。这是一个可以看透你灵魂深处的人，不过不用怕，智者看破不说破，欢声笑语中，总能让人有所收获。

有幸结识陈立老师，此生足矣！

劳模美食家董克平老师

写美食，董克平老师是我的启蒙老师，尽管没拜过师磕过头，也没交过学费，董克平老师也以“这句话我可接不住”拒绝承认，但我还是单方面宣布了。

这要从董克平老师的美食著作《口头馋：董克平饮馔笔记》说起。读董老师这本书，已经是2015年的事，在美食书籍满天飞的今天，这本书依然没有过时，不仅仅写美食，还不厌其烦地把美食背后的历史文化和民俗搬了出来，这就让吃这件俗事一下子变得雅致了起来。陈晓卿老师给美食家分过流派，其中有“实操派”，有“社交派”，还有一派为“考据派”，说的是不仅仅对食物好不好吃有所认识，更能给食物追根溯源，探寻食物背后的历史与文化。按此划分标准，《口头馋》就是“考据派”的代表作。我的美食文章也喜欢扯点食物源头，拉点历史文化凑数，这种风格受两个人影响，一位是汪朗老师，另一位就是董克平老师了。当然了，这种写作风格不一定受待见，尤其是引用到一些历史资料，避免不了大段小段的文言文，现代人能不能看得懂这另说，以现在快速阅读的时代，很多人就直接跳过去了。最近看董老师的文章，风格已经变了，不再走这种讨人嫌的路线，受董老师毒害甚深的我，却一时还掉不了头。这只能说董老师把我带进坑里，自己却爬了出去，不厚道。

董老师这本书的另一个鲜明特点就是敢说，不和稀泥。在《扬州炒饭》里，他直言扬州炒饭出自广州，清朝末年广州的高级餐厅都要打着“淮扬风味”的旗号，这个菜后来漂洋过海，再出口转内销，扬州又出来宣示主权，以讹传讹。他笑言做菜反正没有知识产权，谁要是用心去捣鼓，总能弄出点名堂，但给扬州炒饭弄个标准就是笑话了。因为扬州炒饭本来就是有什么菜炒什么，饭是主角，那个所谓的扬州炒饭标准，用什么料、用多少有严格规定，饭变成了配角，这是本末倒置。这种正本清源的说法，取悦了广州人，广州人不一定看得到，但却得罪了扬州餐饮界。在《广式月饼》一文里，他痛斥广式月饼是过度包装，是一种浪费，更直言往月饼里加鲍鱼、鱼翅、燕窝是简单粗暴，不讲逻辑。他直言广式月饼历史很短，清朝时广东人的中秋吃食，仅芋头、炒螺而已，没有月饼什么事。这些说法，引经据典，让我这个老广哑口无言，虽然我也希望我们的广式月饼“历史悠久”。

这种以文献为依据，实事求是的考据，需要严谨的态度，北京大学哲学系毕业的董老师，逻辑严谨，具有极高的学术素养，这些文章在美食界显得特立独行。当然了，游走于美食江湖，我们又不是刺猬，这种浑身带刺的功能，并不适合保护自己。近年来董老师也江湖起来了，可能是想说的、该说的也说完了，董老师一改风格，不再较真。不过，那种实事求是的精神还是根植于骨子里，只是从公开场合亮剑改为小范围私下探讨。最近，北京大学陈平原教授对潮州菜的发展有一个论述，他认为，潮州菜风格的形成历史很短，海外潮菜对本土潮菜的影响更大，那种把潮州菜追溯到南宋甚至唐朝时期的说法，是极不严谨的。对陈平原教授的这一论述，董老师十分认同，但这与一大批研究潮州菜专家的“潮州菜历史悠久，始于韩愈”的说法大相径庭。董老师私底下和我交流了两次，估计是看过我的《潮菜未来的思考》，知道我跟他是同样支持陈平原教授观点的。说真话，这是董老师曾经努力做的工作，现在没法旗帜鲜明地说真话，但坚持不说假话，不胡说八道，也是坚守着一个学者型美食家的底线。至于敢说真话，不怕得罪人这一点，我也是从读董老师的《口头馋》学来的，现在董老师学精了，却又把我坑了，董老师，你不厚道。

盆满钵满

陈晓卿老师评价董克平老师是“北大毕业生里最懂吃的人，餐饮评论界里最勤奋的人，美食圈里人缘最好的人”，这个评价恰当得很。董老师当然不是一开始就会吃，但却始终保持着对吃的满腔热情。还是在北京大学读书的时候，他就显露出一个吃货的基本素质——好吃会吹。那时还是董同学的董老师，紧密地团结在吃货老师团委的徐小平老师周围。有一天，他给肚子里尚缺油水的老师和同学们做了一道自己宣称的“五星级酒店大菜”——奶油蘑菇，大家碍于情面，也怕自己不懂欣赏被笑话，纷纷说好吃。直到有一直男同学说了句“俺吃不惯”，大家终于忍不住笑了起来，一致的结论是：这个菜难吃到了不能吃的水平。从此，“俺吃不惯”成了董同学与这帮老师同学聚会的一个梗。

从只会吹不会吃到如今的会吹也会吃，董老师付出的心血，人尽皆知。如果评选美食圈的劳模，董老师肯定先拔头筹。一年到头，董老师就是不停地飞，他在首都航站楼候机的时间，估计比在家里待的时间还多。要做一个懂吃的人，需要吃得足够多，董老师的觅食脚步，可谓遍及大江南北，其涉猎范围之广，吃过餐厅之多，估计美食圈无人能企及。

董老师之吃，是有目的地吃、有计划地吃、有组织地吃，比如近年名噪美食圈的“董克平餐桌”，董老师不仅一个人吃，还带着一帮人到处吃，简直是个吃货旅行团，董老师就是这个旅行团的领队。这个旅行团的成员，主要是二、三、四线城市的餐饮从业者、美食大咖等，旅行团的目的地是各个美食名城的名店。董老师利用自己的好人缘，让大家开阔了眼界，也让各个美食名城的精致餐饮得到更好的推广，这是一项透支自己的身体推动中国餐饮业进步的艰巨工作，每天这么飞，这么吃，真不容易。其实董老师也吃不动了，与董老师同桌吃过饭，我看他基本上就是干瞪眼，偶尔把筷子指向几个清淡的菜，也是浅尝辄止。这是一件累人的工作。我曾经劝董老师要劳逸结合，董老师笑着说："辉哥，生活所迫啊。"

是啊，美食家这个头衔，又没有人给他们发工资，他们也要生存。靠什么生存呢？从前的美食家，有的家财万贯，当然不用为生活奔波，但现在家财万贯的美食家，又有谁愿意动笔？从前的美食家，给报刊写美食评论文章，或者出书，还可以养家糊口，现在还有多少人看书看报？稿费倒是有，但那点钱，还不如躺平拿低保。美食家通过自己的劳动，利用自己在美食圈的影响，从事正当的商业活动，得到一份报酬，这事不丢人！美食家与餐饮业是共生关系，不是寄生关系。美食家和美食推广从业者为餐厅做推广，给餐厅带来流量与美誉度，餐厅给他们付报酬，只要是你情我愿，这也没毛病。当然，那种不请吃吃喝喝、不给好处就写恶意差评文章的例外，因为那已经是敲诈勒索。

董老师的商业模式是什么，这个我不了解，但"董克平餐桌"这种形式，客观上讲是有积极意义的。董老师与我的交往，也是符合规矩的。最近董老师带一批人来广州，跟我联系，希望能安排吃一顿德厨。我跟德厨太熟，美食圈都误以为我是德厨的老板之一。董老师是我自认的启蒙老师，他带队来广州，我能接待，那是荣幸之至。董老师明确地说他们有经费，我坚持说我请客，董老师也就不再坚持了，但酒则坚决不让我准备。董老师所带的客人绝大多数我并不认识，我坚持由我宴请，是希望能帮董老师省点钱。董老师的"吃相"并不难看，相反，知识分子的那份矜持和客气，在现代商业文明面前，却显得尴尬和不协调。我倒是建议董老师，不如明码实价，完全按商业规则办事，商业社会，用自己的勤劳赚钱不丢人。

董老师近两年也忙着在推闽东壹鱼和卡露咖鱼子酱，这两个品牌火遍中国高端餐饮，有董老师的一份功劳，他衷心希望大家能够取得共赢。近几年，董老师依然笔耕不辍，《董克平饮馔笔记》以日记的形式，流水账般地记录着董老师每天的吃吃喝喝，我戏称应该改名为《董克平老师起居注》。写日记必须每天坚持，这是一项无聊至极的工作，估计大家上小学的时候都被家长要求干过，再有意思的工作，每天不断重复，也会变得极度无趣。我看董老师还是咬着牙坚持下来，尽管经常滞后几天，在朋友圈中总是检讨自己的欠账。

神交董老师已久，但与董老师互相认识，也仅是近两年的事。那是闫涛老师组局，董老师到德厨吃饭，对德厨赞不绝口。他看过我的公众号，评价甚高，鼓励我汇编出书。那时广东人民出版社已经在为第一本书稿《吃的江湖》进行编辑，我向他汇报，他很是高兴。《吃的江湖》正式出版，在上海举办读者见面会，董老师刚好在上海。我觉得与董老师的交情还没到可以让他为我背书的份上，所以不敢邀请他参加。董老师主动提出参加读者见面会，在台下当一名听众，并发表了热情洋溢的评价。慈眉善目的董老师，处处体现出他的善良和细心，难怪有这么好的人缘。

董老师年纪其实不大，也就大我几岁，可是却显得比实际年纪苍老，尤其是那两颗略显突出的门牙，松松垮垮的，更是一副老相。看来，美食养人，过多的美食也催人老。不过，以董克平老师的江湖地位，长得着急一点，似乎也是刚刚好。衷心祝福董老师身体健康，在美食江湖里继续引领时代潮流，一柱擎天，天长地久，久盛不衰。

光头美食家小宽

到下笔的这一刻，我都不知道小宽姓甚名谁，不仅我不知道，相信美食圈绝大多数人都不知道。想知道他的名字并不难，但这好像没有必要，因为“小宽”这个名字，在美食圈够响的了，叫他的本名，反而不知道是谁。

认识小宽之前，对他的美食文笔已经是顶礼膜拜。美食圈中文笔好的，小宽应该在前三位，前提是他认真写的情况下。小宽的文笔，如唠家常般温顺，不需要修饰，已是美丽动人，仿如邻家淡妆的女孩。他写扬州，说：“我每年都会去几次扬州，春夏秋冬的扬州，有四时之美。春季有江鲜，夏季有蔬果，秋天有螃蟹，冬天有风鹅。”他说扬州“柔美中有粗粝，委婉中有强硬。一山一河都眉清目秀，一园一林都疏朗可近。食物也是南北皆宜，老少皆宜”。他说徽州：“3月份徽州黟县、歙县的油菜花开满地，放眼望过去，一地金黄。”“虽然有漂亮的风景、迷人的老板娘、古旧的街道、美好的食物，但基本上都是舒服状态，可以在古宅子里晒太阳，逗逗院子里的猫。”这么细腻温柔的“小宽体”，对本来是诗人的小宽来说，就如杀鸡用牛刀，美食圈也难得一见。我是羡慕得很，绞尽脑汁也拼凑不出这么优美又不造作的文字。

对现代诗我不了解，印象中的诗人，不是华丽文章，就是激扬文字，像小宽这么冷静的文字，感觉应该是出自一双纤纤细手，或者拥有天使般的面孔。直到几年前，闫涛老师介绍我认识小宽，却发现他原来是个五大三粗的大光头，用陈晓卿老师的话说：此人长得一身好膘。小宽兄说，从前他也瘦过，现在肥头大耳，纯属吃出来的工伤。从2003年在《新京报》做美食记者开始，每天与美食打交道，一年吃三百家以上的餐厅，不胖才怪。胖乎乎、肥嘟嘟的小宽，给人的印象就是超级可爱，脸部过于饱满的肌肉，让脸皮显得不够用，说话都带着笑容，占用了脸部皮肤可腾挪的空间，眼睛只能眯成一条线，这时习惯性地摸一摸自己油亮的大光头，明明就写着两个字——“可爱”！小宽的光头，有可能是自己每天摸出来的，毕竟摩擦也会产生物理性破坏。不过，更大的可能，是写稿弄出来的，毕竟写作这东西，也是蛮费头发的。当然了，也有一种可能性，小宽边写稿边摸脑袋，这种可能性更大。

一年吃三百家店是什么概念？在美食圈中，这个数字应该是吃店最多的冠军了。从一开始吃个卤煮都觉得美味无比，到吃出经验、吃出门道，小宽靠着一张嘴，就如神农尝百草一样，一家一家地吃，把自己吃成一个美食家。这种最原始的试验方法，践行着伟大领袖“你要想知道梨子的味道，你就要亲口尝一尝”的指示，也是最靠谱的方法。小宽说，在北京没有吃过十家以上的烤鸭店，就没有资格评论哪家烤鸭店好吃，没有吃过几个城市的串串，你也不知谁优谁劣。“要讲吃饭，人人都是吃饭的行家，但是凭什么你能够比别人涉猎的东西更多？无非就是你平时爱学习，多一点阅读量，跟别人交往的时候，能够跟别人聊得下去。特别是有一些名厨、餐饮从业者，跟别人聊天的时候能在一个频道上，这个很重要——三句话别人就觉得能跟你接着聊。”

吃得多，会总结，善思考，小宽用最原始的办法，成为一个最靠谱的美食家。他可以走街串巷，短时间内在北京吃遍两百家人均消费一百元左右的小店，自2010年起连续三年推出的《100元吃遍北京》，成为京城的个人美食指南；也可以走南闯北，准确地把握各地的高端餐饮。最近我报名参加了小宽的一个江南金秋蟹宴美食团。他带着我们吃南京紫金山院，菜品的设计和呈现，无可挑剔，让我大开眼界；在南京香格里拉的江南灶，他要主厨侯新庆师傅做一个“八戒宴”，禁用八种食材，并且要做出高级的味道。这八种食材是：燕窝、鱼翅、鲍鱼、海参、花胶、松露、和牛、鱼子酱。他认为，这些食材已经成为高级中餐的滥觞之物，许多厨师都有食材依赖，想做得贵一点，就把这八种食材反复叠加而已。如果没有这些所谓的高端食材，用基础食材做出高级风格，这才是真水平。侯师傅做到了，非常好吃。这两顿饭，紫金山院的顾问、杭州四季酒店金沙厅的总厨王勇师傅、江南灶的侯新庆师傅亲自下厨、做讲解，还自己端菜分菜，与大家合影留念。顶级大厨做如此细致的服务，这是对小宽的认可和尊重，我见识有限，第一次看到这个阵势，对小宽在美食界的地位，真的是服了！

思路清晰，说话有板有眼的小宽，表达起复杂的问题非常流利，但说到简单处，居然有时会有点卡壳，这是轻度的结巴。小宽的结巴，结巴得恰到好处，就仿如给丰富的内容加了个标点符号，让我们听着他一串精彩陈述时得到短暂的休息，而且显得非常有趣。和小宽吃饭，喝到兴致之处，小宽会突然站起来，朗诵一首诗。大家似懂非懂地看着他，不知道诗歌是结束了，还是他结巴了。大家想要鼓个掌，或者叫个好吧，又怕喊错了点儿，每次都以小宽自己尬笑一声说："哎哟，其实我是个诗人。"或者："喝酒喝酒！"大家听到这个信号，才知道，原来诗歌结束了。

虽然有点结巴，但小宽从不巴结人，你听不到他对别人肉麻的赞美，有的只是恰如其分的评价和冷静的思考。他说："米其林本质上是给国际旅行者的一个指南，而并不是给本地消费者的指南。我们去日本也好，去法国也好，可能也会去刷几家一星两星的餐厅。其实这个餐厅周围的人是很少去这种餐厅吃饭，他们的目标用户并不是本地的居民，而是旅行者，尤其是国际旅行者。"这种思考可是得罪了米其林官方和国内的米其林餐厅，没有一个美食家会说这么容易得罪人的话。他说携程的美食林和大众点评的黑珍珠："这两榜单出现的时间节点差不多，甚至他们找的这些理事的人群都是差不多的。一堆人来来回回，其实圈子好小的，能够上得了台面，能够觉得咖位可以，其实来回就这几十号人。他们两个榜单对比起来，携程更多的是一个出行类的APP，它触达的人群是以出行为主。那么点评是以吃喝为导向的一个东西，他们触及的人群是用餐，所以从对标性上来说，还是点评的榜单更有准确对标性。"一下子揭露了真相。冷静的观察、客观的评价，这就是小宽的美食态度。

对餐饮业的发展，小宽的态度既客观又包容，他既沉迷于街边小吃，也欣赏精致美食。美食的体验是很个性化的，每个人都有自己的口味偏好，美食家也不例外。多数美食家会根据自己的美食偏好评价美食，或者被自己的商业利益所绑架，于是，偏执型美食家、地域保护型美食家、代言型美食家成了主流，能超越地域、流派、利益的美食家，反而是凤毛麟角。小宽就是凤毛麟角里的极品，虽然不见毛也不见角。他把"讲究传统、古法、正宗、无添加、野生、散养"这一派命名为"过去时态审美"，这是传统派；把"潮流、融合、fasion、现代、先锋、分子料理"命名为"未来时态审美"，这是现代派。"两派之间互相瞧不起。传统派觉得自己代表着名门正宗，现代派觉得自己代表着时尚与未来。代表着这两派的美食家和厨师争论起来，互相掐架。传统派说现代派那个东西全是花招子，就会摆盘，讲味道还得是我们。现代派说传统派，他们全是老传统，菜系就是一个农业文明概念，现在早就都打破界限了，他们还在雕花一样做老掉牙的菜，完全没必要。"这个总结非常到位，也非常形象，基本总结了餐饮业和美食家的流派和"斗争"状态。

小宽自己属于“进行时态审美”，是即时的、现在的、所见即所得的。美食欣赏上，传统派和现代派他都喜欢，但更欣赏“中庸派”，“这边的东西你也取一点，那边的东西你也不排斥，然后在一条相对中庸的路上往前走得踏实一点”。他对美食潮流的观察细致入微，也洞察未来的发展趋势，这得益于每年组织数次的美食旅行团。他自己带队，与旅行团不同年龄段的食客深度打交道，在一线掌握着人们的消费偏好，而不是闭门造车想当然。

从传统媒体《新京报》到门户网站搜狐网，再到现在自己鼓捣的“一大口美食榜”，小宽开着“美食大巴”变换着不同的赛道，对美食的感知和观察，一如既往的精准。当然了，他又不是神仙，他也有自己的困惑，比如商业模式的困惑。《100元吃遍北京》弄了三年后停了，移动互联时代，没法及时更新的资讯会被市场淘汰，他戏言自己“我就是装修了一个豪华的木马车，但是汽车来了，这马车也没用了”。他一手张罗的“一大口美食榜”，由于流量不够，入榜餐厅无法变现，影响力自然也就小了，美食榜本身也无法盈利，他也自嘲他这个榜单“属于自嗨为主，免不了有点互相捧场，所以这种事是一个不太好弄的事儿”。

但我看小宽兄正在走的这条道路是正确的，那就是“小宽精选”电商平台。小宽以他丰富的美食经验和在美食界的人脉，精选的美食，不论是水果还是大米，酒还是茶，零食还是即食食品，都十分优质和靠谱。我自己就经常上这个平台购物，小宽已经帮我们把过关了，全国的优秀品种就在这里，跟着他下单就是，还费什么劲?

令小宽困惑的是，这个电商平台成长太慢。好产品、好平台却没有好销路，问题出在小宽自己身上：知识分子不合时宜的清高，放不下架子吆喝，往轻里说这叫死要面子，往重里说叫不懂营销。“一大口美食榜”公众号办得很精彩，美食文章质量很高，小宽也只是羞答答地在最下方放个“商城”的链接，却不好意思给“小宽精选”打个广告。我三番五次地提醒小宽，既然开电商，你和我一样，就已经沦为一个见钱眼开的商人，凭自己本事赚钱不丢人，你自己都不好意思在朋友圈发信息卖货，还指望谁帮你吆喝？“小宽精选”想出圈，就必须先在圈内叫响，连美食圈都不知道“小宽精选”电商平台和公众号“一大口美食榜”，这怎么可能做大？经过多次提醒，小宽好像也忸忸怩怩地在朋友圈里发点“今日好货”的信息。我估计，在点转发的那一刻，小宽的脸一定是红的。

这个冷静的美食家，也是冷到天花板了。来吧，如果觉得这个人还有点意思，请关注“小宽精选”商城，请关注公众号“一大口美食榜”，您的点击和下单，就是对小宽最大的支持，谢谢！

美食活动家闫涛老师

美食家

认识闫涛老师，还是在2010年左右，算起来已经有十一年了。那时候的闫老师，还在《南方都市报》美食版任首席记者。那个时代，大家也还是看报纸的，而那时的《南方都市报》，还是颇有影响力，尤其是美食版，因为有闫老师，所以被公认为美食指南，颇有看头。

为什么认识他？因为那时我和几位好朋友合伙投资了一家餐厅，地点就在广州的核心区珠江新城，名字还是我起的，叫"随园餐厅"——袁枚有美食名著《随园食单》，取这名，算是向偶像吃货袁枚致敬吧。几个合伙人都是好吃之人，平时大家也多应酬，想着需要有个方便应酬的地方，就弄了个餐厅。这其实犯了餐厅经营的大忌：个人需求是不足以支撑一家成规模的餐厅的。否则照此逻辑，喜欢青楼女子就可以把青楼经营好？人总得一死，每个人都去弄个殡仪馆？理想很骨感，现实很残酷，尽管闫老师也亲自着墨大肆吹捧了一番，但不久就因长期亏损，股东们热情大减而偃旗息鼓，向袁枚致敬变成了向袁枚致歉。经此一役，方才知道，餐厅经营有它的门道，美食与经营是两回事，从此我不再投资餐厅，想要有主场的便利，支持别人开，多去消费就是。

闫老师是经我的同事介绍认识的，但他可不是应付一下了事，认真得很。每道菜食材有什么特别之处？怎么做？好在哪？他追本溯源，问得很仔细。这种打破砂锅问到底的精神，让你觉得只有真正的美食才对得起他。于是我建议，这个餐厅不一定写，我另一朋友的餐厅才应付得了这查三代般的考究。过了几天，我约闫老师去了另一个餐厅，就是当时不为人知、今天名震美食圈的德厨。过了几天，《南方都市报》美食版用一整版介绍了这两个餐厅，闫老师更是逢人就夸德厨，更把我介绍给厨神蔡昊认识，然后又拉我进广州美食圈。说起来，德厨的出名，我进美食圈，闫老师就是推手。

广州的美食圈，因为有了闫老师，大家也就熟络了起来，谁觉得有一阵子不见，该聚一聚了，都会找闫老师组局。闫老师基本都会问主人几个问题：想约谁？什么时候？能否给多几个时间供大家选择？唯独不问吃什么？喝什么？每次约我，总是先让我选择时间，那种真诚和对人的尊重，绝对装不出来。作为每场聚会的召集人，闫老师基本都是第一个到，然后一个个落实迟到的人到哪了？等多几分钟才开席？万一哪次他不是第一个到，总是充满歉意，不停道歉。宴席一开始，闫老师总是充满激情，介绍大家认识，吹捧加调侃，引来阵阵笑声；介绍菜式，却从不抢风头，让主人充分发挥，他再总结两句，大意就是主人如何之用心；喝酒时，从不含糊，逐一敬一轮，别人敬他酒，他逢敬必喝，直把自己喝得身心疲惫，眼睛直射，那对藏在近视眼镜后面的眼珠都快要蹦了出来。而到了最后，他往往又能镇定地把握情势，那句“朋友们，欢乐的聚会总有一别，小孩子的鸡鸡来日方长，我们下次再聚”，就如央视春晚的《难忘今宵》，给一次聚会画上句号。把想回家的人送走后，他又往往被几个酒鬼挟持着奔往另一场……

广州哪家店好吃，闫老师当然如数家珍，去外地该找哪家吃，闫老师也可以遥控指挥，这得益于闫老师的美食朋友圈遍及全国。美食圈的外地朋友来广州，也喜欢找闫老师安排，广州餐饮的对外交流，缺不了闫老师这一环节。美食圈的江湖其实也挺复杂的，哪位大咖需要众星捧月，哪位与哪位不太对付，一不小心，厚此薄彼，就容易得罪人。这些问题，闫老师好像都不考虑，只是一味乐呵呵地组织迎来送往，似乎也没怎么得罪人。这类吃力不讨好的事，他做得挺认真，也许，没有企图，一颗平常心，是他在美食界游刃有余的法宝吧。我封他为“美食活

动家”，恰当得很。

迎来送往，吃吃喝喝，不需要什么高深的学问，言语越通俗越好。闫老师俗起来，妙语连珠，把场子交给他，他就有本事引来欢声笑语。实质上，闫老师对美食的认知，既广阔又深刻，本质上，闫老师还是一个愤青，忧国忧民。对大事件、对时局，他总是愤愤不平，有时写食评，他也会借食物浮想联翩，把车开到危险地带，这也许是那一代南都人的共性吧。闫老师的食评，不就事论事，有时说着说着，就扯到另一个领域，甚至风月无边，也因此，他在南方都市报时就有“断背山”的称号——一段段被删。看闫老师的文章，就可以窥见他的心情：如果他说到了一切皆好，那是他如沐春风、心情大好；如果他的文字有些忧伤，那不用说，他正在经历着他的痛苦，或许是世界上某个地方的某件事让他揪心，或许是感情不太如意；如果他在感叹人生，那是他憋得慌……美食大家陈立老师说闫涛是个孤独者，一个孤独的灵魂，却混迹于活色生香的美食世界，还把大家照顾得面面俱到，真不容易。

闫老师关心别人，打听个什么事，结语基本上就是：“那就好！那就好！”大家关心他，他总是一句“没事，没事”，一副岁月静好的样子。然而，据我所知，闫老师乐呵呵的背后，却是一堆不容易：离开南都，重新创业，哪有一切顺利？美食纪录片倒是拍了，不过我看这东西也换不来钱；自媒体“饭醉分子”倒是常更新，没有广告哪来收入？能赚钱的几个据点倒是稳定，但也只是维持有尊严的生活，富贵视他如浮云。作为好朋友，我几次问他有什么可以帮得上？他总是说：“谢谢辉哥，还行。”一副“把所有问题都自己扛”的样子，总让人心疼。其实，闫老师感性得很，私底下也有喜怒哀乐，只是把喜和乐拿出来，却将怒和哀放心里。我能做到的，是在他不开心的时候，叫上几个朋友，和他一起远游，换个场景，他又是一副乐呵呵的样子。

结束了一段努力挽救且纠结的婚姻，闫老师迎来了一段新感情，我们一边拿他开玩笑，一边替他开心。恋爱中的闫老师，更加可爱，也笑得更灿烂。大家开他玩笑，他以“老房子着火”自嘲，确实抵挡不住，来一句“恭喜发财”结束话题。有了爱情滋润，闫老师干劲十足，对自己要求更严格了，据说每天在健身房待两个小时，肥胖结实的身躯，也仿佛苗条了一些。感性的闫老师，大有变成性感的闫老师的趋势。

用闫老师的话说，“英雄配宝剑，大英雄配大保健”，一个杰出的美食活动家，除了有一群酒肉朋友，还应该有一个愉快的情感伴侣。一个孤独的灵魂，应该有人与之相伴，这样一路走来，才不会太辛苦。衷心祝福闫老师！

附：本书出版时，喜欢自由的闫老师又选择了自由，这个灵魂一向不羁放纵爱自由的才子，暂时把感情追求放一边，他有他需要面对的责任担当，换言之，单身女性们又有机会了。

随便美食家曹涤非

如果要在美食圈找帅哥，我推荐两个人，一个是厨神蔡昊，一个是曹涤非。如果要选一个又帅又好脾气的，那只有一个人，就是曹涤非老师了。

美食家不是一个职业，曹涤非老师当然有他一份正式又赚钱的工作，不过这份工作是什么却不方便在这里说道，据说是单位不让说，这搞得好像从事什么特殊职业一样。不过，曹老师确实拥有从事特殊行业的条件，一米八左右的大高个，气宇轩昂；留着一副八字胡，乍一看，以为是兵马俑活了过来；中国传媒大学播音主持毕业，受过专业训练，字正腔圆自不必说，充满磁性的声音，透露出一个成熟男性的特殊魅力；与人说话，眉宇间带着微笑，那种亲和力，就是零距离不设防；言谈举止，彬彬有礼。当年王婆向潘金莲推荐西门庆时所说的一个优秀的男人必备的标准"潘驴邓小闲"，从外貌看，曹涤非老师至少符合了第一条——拥有潘安之貌。

如此优越的条件，曹老师自然成为各种美食活动的主持人。主持美食活动，除了要具备主持专业素养，更要懂美食。曹老师究竟懂不懂美食？这一点美食圈估计很少有人去思考，这是因为以主持人身份出现的曹老师，更多是穿针引线，起承转合，基本不发表自己对美食的看法。但这种当绿叶当托的活儿，其实更显功夫：知道问题的核心，了解嘉宾之所长，抛出问题让嘉宾舒服地回答，这对美食可不是一般的懂，而是非常懂。长期主持美食活动，对美食圈自然非常熟悉，曹老师的主持风格，是温和的聊家常式，美食圈的人普遍都不太善于口头表达，这种风格让大家如沐春风不紧张。当然了，也有人不喜欢这种风格，觉得曹老师精神萎靡不振，没有激情，就这个问题我和曹老师讨论过，不知曹老师听进去没有。凡事就如硬币的两面，有得也有失，人近中年的曹老师，估计也难有激情了。我倒是觉得不要紧，你又不是鸡，要激情干吗呢？

曹老师之懂美食，还表现在他的美食文章里。三个月前，曹老师开了个公众号，聊的是美食，截至今天发了九篇原创文章，平均一个月三篇，还算勤快。曹老师谈美食，并不开门见山，而是先东拉西扯，基本套路是先聊聊艺术，说说美学，弄些我们听都没听过的人和事，再扯到某个店的美食上，最后帮人帮到底，把这个店的地址和订座电话也安排上。这种写法需要有很丰富的美学素养，看的人更需要有耐心，反正我是没有一篇看完的，连转发也懒得点一下——我这么有耐心的人都看不下去，就不祸害其他朋友了。比如他写单眼的餐厅，单眼原来的餐厅叫“吴Club”，曹老师先考证了“Club”不仅仅指“俱乐部”，还指用“用棍棒打”；他说到餐厅的装修，联想到刘韡的雕塑作品，想起奥拉维·埃利亚松著名的装置《道隐无名》，这两个人是什么人？反正我没听说过，也没兴趣了解。曹老师说这“让你情不自禁地深陷如迷宫一般的梦境”，确实是迷宫，看了半天就是不讲美食，晕死了也急死了。

自认为我的美食文章够无趣的了，大量的食物与烹饪科学，还有历史典故，一般人还真没这个耐心看完。自从曹老师的文章横空出世，我的文章马上显得通俗易懂。其实，文章是写给特定人群看的，能做到雅俗共赏固然厉害，但却不是一般人可以达到的，最起码我自己就做不到。曹老师的美食文章，是写给艺术圈、美学圈里的吃货们看的，要欣赏他的文章，需要有一定的艺术素养，像我这种缺乏美学知识和艺术素养的俗人，自然无法领略其中的精彩。曹老师的艺术、美学知识积累非常丰富，尤其是对国外艺术家的认知，与中国美食联想结合，绝对的高大上。我虽然不懂，但却是打心里佩服，看来还是要加强学习，争取早

2020
凤凰网
主办：鳳凰網
IFENG.COM
鳳凰新聞
IFENG NEWS

日看懂曹老师的文章。

曹老师的公众号名曰“随便食单”，估计是向大美食家袁枚的《随园食单》致敬，闫涛老师因此也给曹老师取名“随便先生”。这个定位非常恰当，曹老师为人确实很“随便”。第一次见到曹老师，是在北京，厨神蔡昊组的局，三个人互相吹捧互拍马屁，这顿饭吃得很舒服，互留微信时，曹老师要删掉一个人才能加上我，原来他的朋友已经超标，这是我见到的唯一一个有这么多朋友的。酒足饭饱，还有一瓶威士忌没喝完，蔡昊老师送给了曹老师，曹老师满是高兴地抱着酒走了，你说这人是不是够“随便”？

不久曹老师到广州，约我小范围聚一下，我当然应允，按理说我应该尽地主之谊请曹老师，但曹老师坚持说卤味研究所已经安排约好了，于是只能前往。卤味研究所俱乐部是网红店卤味研究所的高端店，开在珠江新城的核心区凯华国际一楼，没有包间只有大厅，这个环境可不适合聊天，曹老师好像也不在意。老板给我们留了一张小饭桌，最多也就只能摆下四盘菜，问题是，主人不在，曹老师好像也不在乎。我们随便点了三个菜，桌面就这么大，随便聊了几句，这种环境确实施展不开。为了不影响紧挨着的邻桌，两个人还得几乎头碰头窃窃私语，这种场景，仿佛在演谍战片，那一瞬间，我灵魂突然开窍，原来“碰头会”这个叫法就是这么得来的。影视剧里地下党接头为什么那么快？除了担心暴露目标外，这种交流方式之压抑也确实维持不了多久。我们两个人坚持了一个多小时，老板终于开完会赶回来了，曹老师很是随和地表示理解。见此情景，我匆匆起身告辞，把“碰头”机会留给了他们两个。回家路上，曹老师发来个微信：“对不起，辉哥，今天没安排好。”你说这人是不是够“随便”？

曹老师善聊，也善饮，美食圈聚会，估计他认识的人最多，每个人礼节性地敬一杯酒，这个量放我身上，保证三天起不来，但曹老师好像仍然镇定自若。宴会结束，没有喝好的曹老师，一定会张罗着再叫几个人去第二场继续喝，如果还没尽兴，回酒店时逮到熟人，也会继续海阔天空、山高水长。据说有一次已经是晚上十一点多，闫涛老师穿着酒店的棉拖鞋下楼，不小心被还没喝尽兴、胸口抱着两包花生的曹老师逮住，又在酒店大堂逮住了夜归的几个美食圈朋友，几个人在酒店外面的露天空间，就着啤酒花生聊了一个多小时。从此以后，闫老师参加活动，只要有曹老师，夜晚再也不敢下楼。你说这人是不是够“随便”？

曹老师的“随便”，我的理解是一种不计较的随和，他也自认为对方同样不计较。但在我心里，他还是很讲分寸，做事还是很认真的。我在公众号发文章，有时出现错别字或配图不当，他会私信提醒我。我的文章，他是转发最多的，有一次他没转发，还专门致电跟我说明原因。相比之下，我就不够厚道了，居然只有一次转发了他的文章。热心的曹老师，是大家的“应召主持”，招手即来，挥之即去。大地物源公司在云南举办云南菌论坛，曹老师帮忙张罗，打电话给我，强调这个公司没什么经费，但希望我能参加。我又不是什么名人名嘴，不需要出场费，受曹老师感召自费升级公务舱往返。写了一篇文章，令主办方有点难堪，曹老师又小心翼翼地请求我想想“补救”措施。这个“随便”的曹老师，办起事来的认真细致，为人之善良，确实令我感动。

美食家这个行当，既费钱又费时还费脑，没有一点“随便”，还真不好坚持下去。大家可别嫌弃曹老师的随便，哪天他要认真起来，可能会让大家更受不了。

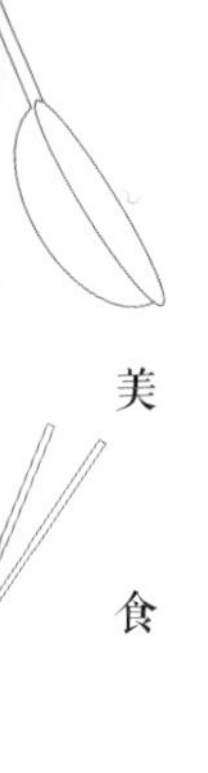

潮州菜推广大使——瓦们的张新民老师

美食家

混美食圈的，如果不知道有个张新民老师，那一定是个冒牌货，盖因张老师太出名了。知道张新民老师，这只是入门级，就比如我们看《新闻联播》，大领导我们都认识，关键是他们不认识我们。要进阶的话那就是张新民老师认识你。这个过程，我用了两年时间，而且，这个过程，还相当曲折。

虽然我也是潮汕人，但因为长期在广州生活，对汕头美食的深层次认知，比如早餐去哪个店吃，哪个店的海鲜更新鲜，哪个店的烹饪技法更有特色，诸如此类问题，我并不在行。汕头找美食，我还是要向厨神蔡昊求救。大概在七年前，蔡昊老师就帮我安排，去张新民老师的潮菜研究会吃，连菜也是蔡昊老师帮我安排好的，我带着家人浩浩荡荡杀将过去。

菜很好吃，与好酒好蔡的风格很像。这不奇怪，他们都受林自然大师的启发或点拨，走的是现代潮菜的道路，厨师间还互相支持，风格和味道，自然就高度相似。这顿饭，由于是蔡昊安排，可以看出张新民老师很重视，出品非常精彩。一分钱一分货，人均一千多的消费，对习惯了汕头餐饮低消费的父母来讲，心痛不已。汕头的海鲜大排档，一大家十个人，消费也就一千多。张新民老师的餐厅，走的是高端精致路线，当然不能这样比较。高端精致路线，正是各个美食榜单的标准，深谙这些榜单评选规则的张老师，频频上榜，易如反掌。

这顿饭，并没有见到张新民老师，应该是张老师不在店里。结账的时候，我问服务员能不能在店里购买张老师的《潮菜天下》。服务员说张老师早已安排，送我这一套书，这是意外的惊喜。《潮菜天下》上下两册，系统地概括了潮州菜的发展历史和特点，现代潮菜的烹饪理念和做法，尤其是通过潮汕各地的地方志和民谣，理清了潮州菜的脉络，我认为是迄今为止最全面、最权威的研究潮州菜的教科书。虽然文中有少部分观点我并不完全认同，但这不妨碍我对张新民老师的尊敬和崇拜。我是多次拜读，深刻领会。这套书，奠定了张新民老师在潮州菜研究领域不可撼动的领军地位，也为潮州菜的推广做出了重大贡献。

近年来，张新民老师致力于餐厅的经营和潮州菜的推广。经过这几年的发展，“好酒好蔡”和“潮菜研究会”两个餐厅表现出很大的不同，张新民老师的潮菜研究会搬了新址，有了一个充满诗意的名字——煮海，致力于挖掘本地食材的现代表达，最近还在捣鼓以茶配菜。一面传统，一面创新，而这貌似相反的两面，在张老师这里，驾轻就熟，手到擒来！在这个年头，美食家是个费钱的头衔，美食作家更是坐等饿死。张新民老师致力于餐厅经营，这个没毛病：美食家以他的视角和体验打造的餐厅，只要经营得法，一定有他的特色。美食家同时具备餐饮从业人员的身份，更能从经营的角度审视美食，避免“站着说话不腰疼”的不全面和不现实。

吃过张老师的餐厅，看过他的《潮菜天下》，对张老师的敬仰之情如滔滔江水，但要见其真容，则要等到两年之后：还是闫涛老师介绍，以德厨的美食做诱饵，著名的张新民老师终于露出了庐山真面目，且买一送一，还外带一个好玩的蚝爷陈汉宗。张老师与我同为饶平籍乡亲，不过，他的老家浮滨更为出名，那是著名的狮头鹅原产地，一百多年前，那里还诞生了中国的第一位旅欧性学博士、哲学家、美学家、文学家、教育家张竞生先生。其实，我这是在与张老师套近乎，张老师自小在惠来长大，工作在汕头，对饶平的记忆，估计也只有狮头鹅和张博士了；对我，张老师也不算熟悉，毕竟，他的粉丝众多。

同是老张家的，对张竞生博士的情感确实不一样，这表现在对食物

壮阳的研究上，张老师尤其擅长。他研究鳗鱼，说鳗鱼能壮阳。除了鳗鱼头很像那玩意的头外，更重要的是“鳗”字的写法：左边是“鱼”，所有鱼类都如此，没什么特别，右偏旁“曼”字由“日”“四”“又”组成，加起来就是“一日四次又要”，确实厉害！据说今年的潮菜研究会年会晚宴，张老师推出了一个大补壮阳汤，被誉为“壮阳汤的天花板”，估计他的目标就是天花板。

张老师的五官，感觉都是开放型的，永远都带着笑容，再厚的眼镜片，也藏不住他的精明和善意，真不知他去殡仪馆参加追悼会会是什么情况。眼睛是心灵的窗户，张老师为潮州菜的推广操碎了心，从早年当记者时写潮汕美食，到参加林自然大师、郭莽园大师等组织的“汕头市美食协会”担任秘书长，再到成立“汕头潮菜研究会”担任会长，在这些民间组织里“进步很快”，但都一直脚踏实地，“上蹿下跳”。接待外地美食界朋友，一开始是自掏腰包，现在号召力大了，才有可能穿针引线，但在自己的餐厅招待，一定少不了；将汕头的餐饮企业组织起来，对外拓展推广潮州菜，频频组织大家外出交流学习；潮菜研究会更

是眼光向外，将汕头以外的潮州菜餐饮企业纳入他们的视线范围，大有席卷全中国，将全世界潮州菜团结起来的架势。

与张老师同桌吃饭，是件很有意思的事。酒量极佳的张老师，频频举杯，也频频抢夺话语权，以他极具特色的潮州普通话，总能把话题扭转到“瓦们潮汕人”这边来。人多嘴杂时，干脆站起来，一边喊着“各位各位”“这样这样”，一边张开双手和十指，又收起来双手形成鼓掌状，仿佛一位大指挥家，把大家分散的注意力又集中了起来。张老师还是位优秀的段子手，总能将以前的一些经历套在现在的话题上，一切都那么自然。闫涛老师与张老师领导下的潮菜研究会一工作人员谈上了恋爱，大家纷纷表示祝福，张老师讲了一个段子：潮剧某名旦与剧团一位灯光师结婚，一位领导知道后，气愤地说：“组织培养了这么多年，就这样被他搞走了？”张老师学得惟妙惟肖，引起大家哄堂大笑。前几天，我们为新会陈皮究竟值不值这个高价争论得不可开交，张老师突然冒出个“瓦们潮州有九制陈皮”，把大家逗乐了。什么话题，张老师都可以纳入潮汕的怀抱，什么十年陈皮五十年陈皮，潮汕三十多年前就有九制陈皮，味道好得很！

这几年，潮州菜引起了全国的关注，这离不开张新民老师的大力推广。别看潮汕人很讲团结，内卷起来也很厉害。在汕头，美食的江湖也是山头林立，张老师团结起绝大多数，把潮菜研究会搞得有声有色，而且，从不说别人的长短，努力维持着潮汕菜大团结的良好局面，真不简单。

最近，张老师又将近年的文章结集出版，书名为《煮海笔记》，定价188元。我笑称这书如同他的餐厅煮海，除了贵，没其他毛病。衷心祝福张老师新书大卖，餐厅生意兴隆，财源滚滚，身体千万不要圆滚滚。

孤独的美食家——林贞标

汕头美食江湖中，人称“标哥”的林贞标，近期又推出新书《玩味上海》，这是他继《玩味潮汕》《玩味简烹》后的又一作品。以我们之间的关系，不发个朋友圈推荐一下，似乎不合适，但以我言出必真的风格，又很难下笔。所谓“横看成岭侧成峰，远近高低各不同”，不同角度看一个人，会有不一样的结论。干脆，以我的视角，写写我眼中的标哥林贞标。

认识标哥其实是最近的事。2020年底，我不小心在高尔夫球场又一次一杆进洞，按惯例要请球场好友游山玩水，海吃海喝。由于新冠疫情反复，出国肯定是不行，出省也显麻烦，那就选择去潮汕吧，这下省了不少银子。在汕头的两顿晚饭，我选择了我最喜欢的东海酒家，另一家，我拜托厨神蔡昊帮我联系建业酒家——两年前给我的印象虽然不错，但还有缺陷，这是不是老板不够重视呢？能获得外界不错的美誉度，值得我再试一次，以蔡昊的影响力，应该会有不一样的体验。

去建业酒家之前，刚好有三个小时的空余时间，蔡昊大师问我要不要去找林贞标喝茶。这是个太有吸引力的话题：听过林贞标的名字，对单丛茶我也充满强烈的求知欲。蔡昊大师对标哥的评价是“对茶叶的认识有他自己的一套认知体系”，这就足够我虔诚地登门拜访了。于是，蔡昊大师居中电话联络，我和标哥约好时间，准时登门。按潮汕人的礼节，初次见面不能空手，我带了一瓶稀有的贵州茅台酒如约而至。

标哥的工作室，在一栋写字楼的顶层，基本上分成三个功能区，一个是他的茶叶储藏区，一个是他的厨房兼餐厅，一个是他的办公兼接待区，这个区域有两个茶室，一个只有茶叶和茶具，是纯喝茶的；一个既有茶又有书，书台上摆满了他的《玩味潮汕》和《玩味简烹》，如新华书店般。标哥说他的书只卖不送，让我心里闪过一阵尴尬：走的时候是否应该提出买两本书？不见有付款二维码，口袋里倒是有现金，找零钱时是要还是不要，或者让标哥打开收款码扫一扫？幸好标哥及时招呼我入座，内心的纠结也就打住了。

宾主就座，一阵互相吹捧，话题就这么愉快地打开了。我是带着一大串有关茶叶的问题准备来请教他的，比如好的单丛茶生长环境有什么要求？单丛茶的各种香型是什么芳香物质？这些芳香物质又是怎么形成的？制茶的工艺如何影响了茶叶的风味？……当然，一坐下来就提问，这不礼貌，见机行事、见缝插针吧。标哥一边煮水，一边用电子秤称茶，一边向我述说他的泡茶理念：茶是清雅之物，宜淡不宜浓，他泡茶，最多只下六克，只有传统潮汕工夫茶的一半。他认为，将工夫茶泡至又浓又酽，外地人不习惯，更坏了茶本应有的韵味。这一套理论，完全颠覆了潮汕工夫茶的传统认知，但却有理有据，我立马感觉，这是个高人。标哥泡出的茶，淡黄中带淡绿，清澈透明，这是茶黄素和叶绿素在与我们打招呼；一闻，一阵清香，这是茶多酚在向我们招手；一尝，唇齿留香，甘中带甜，一杯生津，这是茶氨酸和茶皂甙在联合表演，罕见的好茶！

标哥与我讲述他对茶叶的执着，一年到头，大半时间泡在凤凰山里，比茶农待在山里的时间还多。没办法，要得到好茶，需要与茶农建立起感情，这需要付出时间。要让茶农按照他的方法制茶，除了买足够多的茶，让他们尝到甜头之外，同样还需要建立起深厚的感情。标哥的茶要求干净，茶农多数是烟不离手，标哥要求他们炒青时不能吸烟，没有深厚的感情，谁听你的？寥寥数语，已经令我折服。这人是身体力行的实践派，江湖称他为“茶痴”，恰如其分。

我适时地向标哥请教单丛茶的香型，标哥果断地说，没那么复杂，

湿地
鲜蚝在手 白鹭相依

别听那些专家胡说八道，什么这个香那个香，我的茶只有一个清香，回归到茶叶应有的本质。他这么一说，我一肚子问题就没办法问下去了。可以说，标哥的茶叶观，十分独特，自成一派，开拓了单丛茶不为人知的一面，原来单丛茶也可以有清香！

茶，就是一种香料，它负责给水调味，我们泡茶的过程，其实就是香料萃取和稀释的过程。人们对茶的口味偏好，与菜一样，没有正确不正确的问题，有人喜欢浓，有人喜欢淡，都没有毛病。我们生活的环境，已经被要求太多的整齐划一，在菜和茶上多些不一样，这个世界也更精彩。标哥的“清香派”，在单丛茶的世界里属于极少数派，甚至有些孤独，但我非常喜欢。被标哥说成胡说八道的传统的、浓郁的、不同香型的单丛茶，我也十分喜欢。茶的世界，精彩纷呈，各有特色。这两种类型的单丛茶，我在不同状态下分开用，中午睡醒或感觉疲乏时，我喝浓郁型的单丛茶，这让我瞬间苏醒，仿如醍醐灌顶；开心时喝标哥的清香型单丛茶，这让我锦上添花，飘飘欲仙。不同状态喝不同的茶，一点都不矛盾，当然了，喝标哥的茶毕竟还是少了一些，一来是高兴的事本来就不多，另一个原因是，标哥的茶不易得，必须省着喝。

愉快的交流，让时间过得飞快，到了分别的时候，标哥送我一斤茶叶，幸好我带了一瓶茅台酒送他，否则就尴尬了。但是，另一尴尬问题——关于买书还是逃避不过，我还是鼓起勇气，向标哥提出买他的两本书。标哥笑着说，他已经准备好了，并且签了名，这是送的。看来，他更注重他的书，否则，不会把书的话题设置得如此紧张。送我到门口，他祝我当晚在建业酒家用餐愉快。原来，建业酒家这顿饭，蔡昊也是通过标哥帮我安排的，原来，他才是汕头美食活地图。这顿饭，老板很重视，出来会见了我们，强调了标哥特别的关心。可惜的是，这顿饭并没有比之前的更好吃，这再次说明，美食的体验是很主观的。

标哥的茶叶观特立独行，他的美食观也是独树一帜，这体现在他的“简烹”理论上。标哥认为，真正的美食，只需要简单的烹饪，才可以表现出食材的本味，那些复杂的烹饪方法，都是对食物的破坏，重油重盐更是违反“天理”，不可饶恕。这套理论，大致上是成立的——标哥下厨，只找最新鲜的食材，海鲜要半夜去码头选，猪肉要天未亮就去肉菜市场挑，连青菜也是直接在地里拔，这么新鲜的食材，当然只需简单的烹饪。我吃过标哥的饭，在他的厨房兼餐厅，他的厨师按他的要求做的饭，确实好吃。问题是，并不是所有人都有这个条件和毅力，新鲜度不太好的食物，就没办法简单烹饪。再说了，人的口味偏好大有不同，相当大一部分人还是喜欢重口味的，与简烹相反的“重烹”，也有它的存在价值。

标哥自有他的一套理论和讲究，比如反对重口味，他说太浓的味道会破坏味蕾，包括酒——为保护他发达的味蕾，他尽量不喝酒。他的很多说法，有时也充满矛盾，据美食大家陈立教授说，他曾在标哥的厨房一试身手，却发现标哥的厨房连盐都没有，只有萝卜干和咸菜，标哥认为盐是重口味之物，必须弃之不用。可是标哥忘了，腌制萝卜干和咸菜用了大量的盐；他的名菜“五花肉焗蟹”，用五花肉、大闸蟹的膏和青蟹焗，复杂得很，一点也不是简烹，但却是好吃得不要不要的；为了分清楚到底猪肉哪个部位好吃，他跑到猪肉佬那里蹲着，一个一个部位吃将下来，终于有了自己的心得，不过，有时说猪脸肉最好吃，有时又说五花肉最好吃；他到处寻味，著名的田记猪血汤就是他发掘并推广的；去乡下吃猪脚饭，可以与乡下人一起蹲着吃，但却说陈晓卿老师拍的那些美食太过普通，不讲究的食物不能算美食……为了表达他某天的观点，他常常口无遮拦，那个时候，仿佛天下只有他最懂吃，在场的人尚算过得去，其他人则啥都不是。偏激的观点，很容易得罪人，但其实他只是想表达他对某项美食的认知，并没有攻击别人，看不起别人的意思。美食其实是一种主观的体验，有自己的认知，这没什么对错，但表达时说成与自己不一样的就不正确，这种看问题不全面和不客观，让标哥在美食圈也被相当一部分人不待见。他自己却无所谓，只找与自己聊得来的人聚，当一个“孤独的美食家”。

标哥如何发家的，财富究竟有多少，这不是我的八卦范围，据说本可以成为曹德旺第二，但标哥大彻大悟，将公司股权让管理层持股，实现了共同富裕，而他自己则醉心于美食研究。凡与美食相关的生意，他都声明与自己无关，而且离得远远的。他的厨艺极好，对美食的理解十分独特，饭菜也做得十分好吃，但却强调他绝不开餐厅，仿佛在告诉美食圈，我不会抢你们的饭碗。他研发制茶，却声称不卖茶，这让喜欢他茶的人不知如何是好。我是厚着脸皮求他帮我代买他制的茶，通过他买到的茶，又好喝又不贵，但每次开口，都觉得理由很难编。可能在标哥看来，他在美食圈是一种独特的存在——没有利益纠葛，因此更为客观。其实大可不必，美食本身就可以很主观，而标哥本人，更是主观中的主观，这个烙印，你不沾荤腥一样洗不掉。

标哥言称没什么文化，却出了三本美食书。这些书，是他寻味的记录，也是他对美食的认识，范围很广，确实是个不折不扣的美食家。但从体系和文字来看，每一篇又不太像一篇完整的文章，更像是一个个美食小故事。不服气，是标哥骨子里的倔强，你说我没文化，我推出三本书还没文化？你说我没体系，我虽然没有说到美食科学，但我早在二三十年前就得到了营养师资格，非不能也，是不为也！你说我文采不行，我大量的“之乎者也”还不行？在我看来，标哥的文字表达能力，确实不及他美食体验的百分之一。他平时的微信朋友圈，也只用顿号断句，最近有些进步，有时加了少量的逗号，但这一点都不影响他美食书的知识含量。美食不是纸上谈兵，更是一种实践，吃遍四方，有自己独特的体验，这就有足够的资本把它们记录下来，出版成册，就是一本沉甸甸的美食指南，非要与其他美食著作一比高下，那就显得累了。他的书，如果要参评诺贝尔文学奖、茅盾文学奖，我不推荐，但了解一下潮汕和上海的美食，还是可以一读的，而且浅显易懂，一目了然。

写了标哥不少“坏话”，估计会令标哥不舒服，但我相信，我还可以喝到他的茶，吃到他的饭。因为，不服输、爱暗暗较劲，这是标哥前进的动力，也是他可爱的一面，但霸气、讲道理，同样是他的另一面。

刁嘴容太

认识容太之前，她的名字已经如雷贯耳。在广州各个美食群里，几乎都有她的身影，而且还异常活跃，被人以“靓女”称呼，她也一律以请人吃饭喝酒热情回应。依据这样的信息，我对容太勾勒出来的印象就是：富有、豪爽、漂亮。

帮我揭开容太庐山真面目的，仍然是闫涛老师。大约八年前，闫老师组局，由我做东在德厨请广州美食圈几位朋友吃饭，在闫老师罗列的名单里，容太名字赫然在列，这让我充满了期待，美女嘛，哪个男人不喜欢？

六点半的饭局，作为召集人的闫老师依习惯提早到，我也早早地到了德厨迎宾。客人陆续到达，可就是看不到容太的身影。到了六点半，闫老师打了容太的电话，电话那头说刚从番禺出发，路上好塞车。闫老师对着我一脸抱歉地说：“要不我们边吃边等？”我坚决地说：“还是等等吧，番禺到市区，也就一个小时，美女嘛，有权利迟到。”

大家一边聊天，一边等容太，时间好像过得也挺快。七点半左右，闫老师的电话响了，容太到餐厅附近，但找不到地方，闫老师马上上去接她。不一会儿，一个肥肥胖胖、理着男人短发的中年妇女走了进来，连说：“唔好意思！唔好意思！”我刚想说“你走错门了吧”，这时闫老师气喘吁吁地跑了进来，原来闫老师在上面没接到她，她自己坐车从地下停车场进来的。闫老师郑重地介绍说：“辉哥，给你介绍一下，这就是著名的美食家容太！”我礼貌性地表示欢迎，心里在想：“知道是个胖女人，早就应该开饭了。”

其实是我想多了，长期生活在广州的我，怎么忘了广州文化里说的“靓女”，与美女是一毛钱关系都没有？在广州，只要是个女人，年纪不要大到看起来像个老太太，都可以用“靓女”呼之。按这样的标准，凤姐在广州，也是妥妥的“靓女”。当然了，实事求是地说，容太还是比凤姐漂亮的。

广州话里称呼“×太”，这人一般有以下几个特点之一：1.有钱，没听说穷人也叫什么太的；2.有知识，值得尊重；3.雍容华贵，一般都比较胖。容太是三条红线全踩！对于肥胖，容太以“旺夫”给予美化。美食当前，更是无肥不欢，她的容月，有猪油容月；她的豆沙容粽，中间就夹着一块肥猪肉；而容腊，几乎只见肥肉，不见瘦肉，真是肥出了境界，肥出了水平。

容太不算是美女，但却是顶尖的刁嘴。由于吃得多，吃得有心得，也什么都敢吃，舍得花钱吃，吃成了个顶级美食家。现在如雷贯耳的几个大厨和餐厅，容太就是他们的伯乐，比如连续两年获得米其林一星的瑰丽酒店广御轩冯永彪师傅。大概七年前，冯师傅还在君悦酒店做行政副总厨，有一天容太郑重地宣布，她发现了一位明日之星，自掏腰包请大家去君悦酒店中餐厅品鉴一下。那时候，米其林还没到广州，广州酒店的餐饮给大家的印象就是又贵又不好吃，但这一顿饭让大家彻底改变了印象，原来五星级酒店还是有好吃的中餐的。年轻的冯永彪师傅，称容太为“食神”，对容太言听计从，席中容太说可以把昂贵的食材和最家常的粤菜味道结合，比如用猪脚姜的味道做花胶和干鲍。没多久，容太就请我们去品尝“猪脚姜味的干鲍和花胶”，一个任性，一个听话，一道新菜就此诞生。

番禺化龙镇的腰记餐厅，一家经营南沙近海海鲜和河涌河鲜的当地餐厅，也被容太发现后广而告之。广州城中食客不惜驱车一个多小时，去品尝被容太赞到天上有地下无的礼云子。礼云子，其实就是蟛蜞卵，为了把它们之间的关系说清楚，容太请大家品尝礼云子宴时，专门请来了番禺民俗专家屈九先生，就为了把《诗经》中的“礼云礼云，玉帛云乎哉？乐云乐云，钟鼓云乎哉”说清楚——蟛蜞走路，如古人行礼，故取此句“礼云”两个字。估计容太怕由她自己说出来不够权威，干脆把最权威的老先生搬了出来 。容太做事和待客的认真，可见一斑。

做事认真的容太，认真到近乎偏执，这种极致的追求，也造就了著名的容月、容粽和容腊。她做中秋的月饼，取名“容月”；端午粽子，取名“容粽”；冬天的广式腊肉，取名“容腊”，清一色的纯手工制作。容月、容粽的核心是红豆沙，为了解决少糖又有“古昔味”，可是绞尽了脑汁：用柴火煮豆，柴火的香气进入到豆味中，满满的人间烟火气息；人工炒豆，极细腻的手工造就了极细腻的豆蓉，足够小的分子结构，也让淀粉和蛋白分子们更容易结合在一起，从而可以减少用糖；选用特别的豆子，而且保留了豆皮。豆子的香味主要存在于豆皮，而豆皮也带有单宁，这也会带来涩的口感。容月选用了单宁少的豆子，既有豆味，又更润滑。为了解决碱水粽的苦味，一般吃碱水粽时，都会蘸上糖或者蜂蜜，这是因为甜能掩盖苦。容月豆沙碱水粽用豆沙代替了糖，所以不苦，还有豆香。碱水还有涩感，容月豆沙碱水粽加了猪肉肥膘，经六个小时以上的水煮，脂肪充分释放，就抵消了碱水带来的涩。容腊用的是西班牙伊比利亚的猪肉自然生晒，特别的香味，来自于伊比利亚猪肉特有的支链烷类，而这些支链烷类则来自于伊比利亚猪所吃的橡果。容太对食材的极致追求，对工艺的固执坚守，造就了一系列容家美味。

容太的固执，既酿造了美味，也让我们之间经常“矛盾不断”。比如，她认为，传统的都是美好的。而我认为，传统美食能留下来的，大多是符合现代烹饪科学，但一些传统，也因为不符合现代人的健康理念和经济规律被淘汰，这是历史潮流。在她眼里，这些都是因为“不懂吃”，比如她的大哥餐厅里的黑牛河，炒河粉用焦糖而不用酱油，在广州也只有她还在坚守。她用她的坚持和深受客人欢迎证明她的理论之正确，我用独此一家证明一些传统的没落是无法挽回。容太坚信陈皮有着神一般的功效，止咳又润肺，化痰还舒心，尤其是老陈皮，几乎是包治百病，就差攻下新冠了。我主张陈皮就是一种香料，调味有它的特别之处，至于传说中的功效，商家夸大的成分更多，特别是什么三十年五十年老陈皮，无从辨别，全靠商家一张嘴。我用科学和证据证明陈皮作用被夸大，容太用“不能事事讲科学”“你不懂广州文化”对我表示蔑视。幸亏张新民老师用“瓦们潮汕有九制陈皮”岔开话题，为那次争论解围，否则真有互相拉黑的倾向。

认真做事的容太，对自己的产品信心十足，也不容许任何人对她的产品说三道四，稍有微言，后果就是拉黑加在朋友圈鞭挞一轮。每年的中秋容月，由于全手工制作，靠几个老太太加班加点，产量上不来。供需紧张导致容月一饼难求，他们又把饥饿营销玩到了极致，总是在某个深夜才在微店开售，不是夜猫子，就买不到容月，而且什么时候发货，不知道。有客户问客服什么时候发货，容太的处理手法是：把钱退给客人，同时把客人拉黑，再也不提供服务。理由很简单——容月侍候不了这些要问什么时候到货的客人，谁说月饼一定要中秋节前吃的？中秋节后吃不好吗？这时候的容太，变成了“太不容”。如果要评“最凶客服”，我敢保证，容月的客服，绝对称霸全球。

认真做事是容太的一面，约会总是迟到是容太不认真的另一面。印象中，每次聚会，容太能按时到的概率为零。第一次见容太，迟到一个小时，之后的迟到，纷至沓来，每次的理由只有一个：塞车！仿佛大广州的道路路况，只是与她一个人过不去。有一次闫老师约大家到琶洲洲际酒店西餐厅吃饭，我提醒容太，既然你坚持由你带酒，千万别迟到，缺了酒的西餐就如缺胳膊少腿。她表示坚决不会，结果是，虽然人只是迟到了十五分钟，但酒却迟到了一个小时——她怕自己仍然会迟到，特意把酒交给公司一个小伙伴，让他准时送到酒店。公司小伙伴按她的习惯，以迟一个小时为准时。千算万算，还是不得不等到她的酒到后才开席。当然了，由她组的局，倒是不会迟到，她的逻辑是——我组的局，我等客人义不容辞，你组的局，你等我天经地义。

对自己的产品信心十足，源于容太的刁嘴和对食材的精致追求，这种信心一直膨胀，最近更染指时装界。容太喜欢的风格，我笑称是“床罩风”，仿如酒店床罩的材料做出来的衣服，蓬松而夸张，仿佛可以随时飞上太空，这种设计十分适合肥胖人士。今年国庆期间，容太更在花园酒店租下一楼的空间摆开一个集市，广而告之。销路如何我不知道，但从容太暴怒的微信，也可以猜出一二了。容太为何暴怒？原因是花园酒店的工作人员半夜掀开了覆盖她们摊位的布罩，偷偷看里面是什么东西。好奇心人人都有，看一下又怎么了？何况你的东西确实像床罩，酒店工作人员有充分理由怀疑有人偷酒店床罩卖！花园酒店因此被容太称为“瓜园酒店”，广州话，“瓜”就是“挂”的谐音，死掉的意思。这时候的容太，从刁嘴变成了毒舌。

作为一个虔诚的基督徒，容太内心充满着感恩和宽容，但本质上又是“有仇必报”，不爽则喷，这两个矛盾的特质不会互相打架，可以随时切换。她的真性情和豪爽劲，一点都不像一个小女子，这也许是她喜欢以“男人头”的形象示人的原因吧。别人请客，她带酒出席，酒比菜贵，尽管时常迟到，她带着酒抵达宴会现场时大家已经喝得差不多了，她的酒已经用不上，也豪爽地把带来的酒送出去；老黄新店开张，她带来的酒是昂贵的康帝；我的第一本美食随笔《吃的江湖》出版，她比我还高兴，首发式上专门制作了点心，特制了有“吃的江湖”logo的包装，作为赠品分发给读者；每年我订购容月送给朋友，她随便收点成本。在她眼里，只要是她认可的人，她大方得根本没有成本概念。

这就是真实的容太：时尚又传统，善良又毒舌，认真又马虎，一人分饰两角，活得那么的真实和痛快。

总在楼下的何文安

FUJIFILM

活跃于朋友圈的美食摄影家何文安老师，每见到有人在晒美食，经典的评论都是“我就在楼下”。久而久之，“楼下的何文安”，也成了他独特的标志，就如“恭喜发财”的闫涛老师。

认识何文安老师，当然也是闫涛老师介绍的。记得大概是在八年前，我在德厨宴请广州美食界几位大咖，闫老师以他一贯飞快的语速介绍：“这是中国摄影师协会美食摄影专业委员会主任，江湖人称醉街，著名的活泼烧烤老板何文安何主任。”最后三个字“何主任”还用粤语来说，一脸的戏谑，而留着仿如几天不刮的胡子的何主任，一脸尴尬地“嘿嘿嘿”，令人严重怀疑闫老师的介绍是真是假。

后来熟络了，方知闫老师所说皆实话，中国摄影师协会还真有个美食摄影专业协会，何主任还真的是如假包换的何主任。何主任之所以会尴尬地“嘿嘿嘿”，那是谦虚的性格使然。不论是谁表扬他，他都显得很尴尬，简直有点内向，这一点和我很像。

谦虚的何主任，对他的拍摄专业自信满满，一点都不谦虚。这可以从他公开发布的《何文安美食摄影［2020］收费价目表》一见端倪，他的收费标准分八个档次：

1. 全部由我方拍摄，拍摄费一天3万；

2. 我方拍摄您旁观，5万；

3. 我方拍摄您给我建议，8万；

4. 我方拍摄您帮忙，12万；

5. 您拍摄我方给建议，18万；

6. 您拍摄我方旁观，25万；

7. 您拍摄我方帮忙，35万；

8. 全部您拍摄，一天50万。全部拍摄由您完成，我方主要负责的是说服自己：您拍得很厉害，国际范，德味，绝了，毒，优秀，人生已经到达了巅峰！

这个收费标准，总结起来就是一句话：找我拍美食可以，其他别掺和，滚！当然了，凡事有例外，比如美女，尤其是多个美女向何主任请教摄影技术，何主任总是不厌其烦，手把手地教，而且是免费。

何主任如此自信，是有充分的底气的，他的美食摄影，确实是我所见到的国内第一。我的理解，拍美食，要懂摄影，更要懂美食，何主任就具备了这些素质，而且不是一般的懂。饭局上，何主任总是坐在上菜位，一道菜上来，何主任相机先吃，等他拍完了，何主任一脸歉意地示意把菜赶紧给大家吃，好像是他的工作耽误了大家品鉴美食。菜转了一圈，何主任自己当然是最后吃，其间还要抓紧修图，上传至群里，满足大家晒朋友圈的迫切需要。其他人觥筹交错、评头论足、畅谈甚欢，何主任忙完手里才忙嘴里，一个晚上基本无话可说。

但是，经何主任拍出来的照片，就是那么有神韵。如何抓住食物的特点？如何构图？灯光如何配合表现？这些都要在短短的一两分钟内边操作边做出决定，时间长了就会阻碍大家享用美食，这方面，何主任是名副其实的快枪手。美食当然要靠嘴巴来品尝，为了美食，何主任经常吃出了工伤。在汕头，一天早餐他吃了八顿，号称“八顿将军”；在杭州，一个消夜他吃了四十个包子，妥妥的“消四十郎”；在山东荣成，一顿饭他吃了十几条鮟鱇鱼的鱼肝……

表现美食的特点，让人一见照片就有食欲，这就是好的美食摄影。何主任总能抓住重点，将它们表现得淋漓尽致。他拍容月，将容月红豆沙拍出了细腻；他拍容腊，将容腊脂肪丰富的特点通过透明来表现，照片里的那片腊肉，简直肥油欲滴；他拍容粽，粽子里的豆沙多到好像就要从照片里喷出来；他拍蚝爷晒的金蚝，为了表现阳光对金蚝的馈赠，他躺在地上抓拍阳光照射到金蚝的画面……这些都是抓住了食物的闪光点，并把它放大，看到他的美食照片，口水已经流了一地。

最近，何主任把他从业二十一年的美食摄影作品精选了一部分，在富士胶片公司的支持下，做了个《何文安摄影作品集》，只印了十八本。我有幸得到一本，每每翻阅，总觉得再美妙的文笔，也没法像何主任般表达美味。我的美食随笔作品集都请何主任配图，说实在的，图比文好。如果我有一天江郎才尽，那一定是何主任的美照让我觉得用文字写美食没有什么意思了。当然了，人有所长也有所短，他用镜头表达美食，手头灵活，口活就差了一些。有时和他聊美食，吃的足够多，理解得足够透的何主任，可以准确地告诉你哪一家哪个菜好吃，至于口头表达如何好吃，这时的何主任就有点笨拙，最常说的就是“总之，好吃到……”然后，就没有了然后。

从何主任的摄影价目表就可以看出来，他其实不太擅长于经营，人家出钱请你拍照，当然有权利啰唆几句，反正你是按一天八小时收费，聊多几句就是一天，陪聊天就可以收钱，这个世界哪有如此轻松的工作？我的第一本美食随笔《吃的江湖》就是何主任配的图，仅在他的图库里找配图，就不知要浪费他多少个通宵。认真的他还要先读完文字再找图，他绝对是这本书的第一个读者，而且是深夜受饥饿煎熬的那种。无以为报，我说我的版税全归他，不过至今还没兑现，因为我也还没收到稿费。

对何主任感激涕零，总想找个机会表示一下。前几个月有一机构找我策划一个大型晚宴，需要跑几个城市、到几个餐厅拍摄美食制作过程和故事，我把这桩生意介绍给他。这个机构让何主任报价，憨厚的何主

任只报了几十万，差旅的费用就要花掉大部分，他根本就没留空间给人家还价。我看他根本就不是谈生意的料，只得越俎代庖，直接说服这个机构接受了何主任的报价。不过，人算不如天算，正当以为可以帮何主任赚点小钱时，疫情突然降临广州。笨得要死的何主任居然赶在小区封锁之前“自投罗网”，跑去他一个月也不去住几天的广钢新城，一觉醒来，小区已被封锁。这一封就是二十多天，本来到手的银子也飞了，倒是冰箱里到手的鸭子可以给他一个人吃好几顿……

被封在小区的何主任，居然就在朋友圈消失了，他默默地承受这些沉闷的日子，用镜头记录每一天，但就是不发朋友圈。平时活跃在朋友圈“我就在楼下”的何主任，也懒得出声，原因居然是“一开始没心情刷朋友圈，之后也就习惯了”。真实的原因，其实是无可奈何的他，不想把这些坏情绪带给大家，他只是向与他关系最好的花城苑基哥求救，给他准备了足够的半成品食物，让同事想办法送进去。我倒是关心地问他有什么需要，他说不用，他当然知道我其实也毫无办法。大家还是很关心他的，只是爱莫能助。广州酒家的赵利平兄利用广州酒家的物流平台给他投喂了些食物，大家知道后很是高兴，仿佛与他共餐了一顿。平时与他互开玩笑的朋友圈，一下子也安静了下来。

拍起美食认真得可以趴在地上取镜的何主任，平时却是真诚得很、随便得很、好玩得很。2020年疫情一开始，各种严禁堂食，让餐饮业一下子奄奄一息。平时不怎么出声的何主任，这时勇敢地站了出来，带着团队免费给餐厅拍外卖食品推广照片和视频，一干就是二十天。作为美食摄影家，他知道什么叫唇亡齿寒，一向热心但不善表达的他，用最实在的行动，诉说着他对餐饮业的热爱。

美食圈聚会，大家都喜欢叫上何主任，这样美照就有了保障，主人得到相当专业的美食照片，客人们也就吃得心安理得，而何主任也乐呵呵地毫不计较，大家顺便也把何主任给灌得差不多。酒量不怎么样的何主任，对喝酒这件事好像也不防备，叫干杯就干杯，叫交杯就交杯，随量他也理解为一次喝完，很快就语无伦次，他的外号“醉街”，就是这么得来的。据说在他自己的婚礼上，婚礼举行到一半，何主任已经躺倒，这一晚倒是没有醉倒街头，轮椅成了他亲吻的对象。他拍大家出丑的照片，而大家也有他一大堆“艳照”，时不时小范围晒一张出来，都让何主任马上在群里消失。

美食摄影家很受欢迎，随和的何主任，更俘获女粉丝无数。也许是心地无私天地宽，对这点何主任也不避忌，朋友们发他与女粉丝的照片，他自己也发，一点也不担心老婆大人的感受。为了表示对惠食佳和啫八的喜爱和价位的区别，他居然在朋友圈中发文：“和家人聚会就吃惠食佳，和女朋友们聚会当然是啫八。”更离谱的是，他回忆自己的青葱岁月，居然把和前女友的亲密合照晒出来，只是在前女友脸部P了个雪糕桶，据说老婆大人看了不甚高兴。有一次他喝高兴了，拍着桌子大声说：“我老婆，我叫她钻台底，她就得乖乖地钻台底。”

何主任的太太是一位舞蹈老师，艺术家的心胸应该比较宽广。上文这样的事情，给我多十个胆我也不敢做，但何主任就是光明正大地做了。其实，何主任是相当在乎老婆大人的感受，也很爱惜老婆的，只是大大咧咧的何主任，胆子估计长了毛。我邀请何主任参加《吃的江湖》出版答谢晚宴，从来不提任何要求的何主任，很难为情地结结巴巴地跟我要求多安排一个座位，他想带上老婆参加。我自然表示欢迎，到了晚宴现场，却只有何主任孤身一人，他仿佛忘了这事，只是轻描淡写地说老婆大人要上班来不了，估计是刚被修理了一顿。同样的事情在深圳也发生了一次，“单眼的吴·现代”潮菜试业，桌子上明明摆着“何文安伉俪”，却也只有何主任一人赴宴，与他坐在一起的“徐姐姐”徐界杰，就这样与他成了“伉俪”。倒是容太爸爸的生日宴，何主任的老婆终于出场，我问他是不是就是钻台底的那一位？何主任吓得脸色惨白，连连求饶。

工作认真但为人不计较，随和而不拘小节的何主任，是美食圈的开心果。对何主任的使用手册，大家记得加上一条：虽然本产品不善开价，使用时如有磨损，记得付费。

人民教师侯德成

认识侯德成老师，是在大师傅大董老师的一个晚宴上。我们都是被邀请的嘉宾，侯老师主动过来和我打招呼，一米八几的大高个，气宇轩昂又慈眉善目，说话中气十足如自带音箱，可以想象，年轻时的侯老师，不知会迷死多少少女。侯老师说喜欢我写的文章，这时江南渔哥的蔡哥凑了过来，大家约好宴会结束后去羊大爷那里涮肉消夜，继续聊天。

二十二点左右到了羊大爷那里，热情的羊大爷已经把一切都准备好了，俩北京大爷见面，“您老吉祥”“您可都好”各种问候，客套中不乏真情，把气氛烘托得妥妥的。大家讨论喝什么酒，其实刚才第一场大家已经喝了一轮，也只能选择喝啤酒，可侯老师想要的精酿啤酒羊大爷那里没有。侯老师说他有一学生所在的餐厅有，餐厅离这不远，他让学生送过来。蔡哥拦着不让侯老师打电话，但已经兴奋起来的侯老师哪拦得住？电话那头大概是说刚下班回到家，问侯老师有什么事。这时的侯老师，已经把刚才的豪言壮语忘得一干二净，说没事，问候了几句把电话挂了。挂断电话的侯老师跟我们解释，说大半夜的，让学生从家里回店拿酒再送过来不合适，咱们改喝白酒吧。于是叫了一瓶二锅头。蔡哥也正兴奋着，摆出要和侯老师不醉不归的架势。侯老师说自己第二天还要给学生上课，只能总量控制，给自己满满地倒了一杯二两半的酒，任凭蔡哥怎么劝，他都以漂亮的话回应，酒却就是那一杯。我的第一印象：侯老师侃大山一流，但人民教师的边界他拎得可清楚呢。尽管桃李满天下，但太晚了不麻烦人、第二天上课不喝多，这些原则他毫不含糊。

是的，中国餐饮界号称“西餐教父”的侯老师，是一名如假包换的人民教师。他的头衔很多，黑珍珠理事、国际烹饪裁判什么的他并不在意，他的职务是北京市商业学校国际酒店专业主任，在讲台上站了三十

多年，教过的学生八千多人、厨师长近三百人，他们工作在世界各地，真的是“桃李满天下”。

在还没有蓝翔技校的年代，北京劲松职业高中西餐专业毕业，那已经是中国西餐烹饪学习的天花板。到建国饭店Justin's餐厅工作，这是当时中国第一家合资饭店，在那里他进入五星酒店的后厨，跟外国厨师长学习西餐，同时自学英语，年轻的侯德成进取心满满。回校当了四年老师后，侯老师觉得自己还有差距，于是选择去海外学习深造，瑞士洛桑、英国伦敦、法国巴黎、美国烹饪学院（Culinary Institute of America）、罗兰夏朵酒店集团（Relais & Chateaux）、萨沃伊酒店（Savoy Hotel）、伦敦丽兹酒店（The Ritz）……侯德成将自己的青春岁月留在优质餐厅的后厨，克服各种困难，学习、工作，不曾有一刻的放松。

没错，就是那种不需要休息的没日没夜地干活，“时不我待”“只争朝夕”，那有点夸大，珍惜来之不易的机会加上可以省钱这才是真正的原因：在瑞士洛桑，月薪是五百瑞士法郎，折合成人民币就是三千多，而那个时候侯老师如果在北京，工资只有一百多。工作时间餐厅管饭，休息时间总不能窝在宿舍吧？可出去逛街就得花钱，不买东西也得吃饭，一顿饭折算成人民币，就是半个月的北京工资……这么一算，侯老师干脆不休息了，休息天就在餐厅加班干活。老板很是感动，但月薪是早就与侯老师的外派单位谈好的，当然不会付加班工资。可侯老师已经很满足了，省下一天的餐费，还得到表扬，心里偷偷乐着。

拿着国外的高工资还基本不花钱的侯老师，带着N个大件和大量外币载誉归来，他选择了到学校当老师。除了三尺讲台是侯老师喜欢的，老师有大量的业余时间，侯老师可以外出炒更，这估计也是侯老师考虑的原因之一。在完成教学任务之余，侯老师在三里屯的一家德国人开的西餐厅兼职，将一个刚开业的餐厅从门可罗雀搞到门庭若市，每推出一道菜，就成为其他西餐厅竞相模仿的菜式。侯老师对此并不介意，他笑言这说明他引领市场，再说了，烹饪老师不就是教人做菜的吗？三里屯的生意主要是晚市和夜市，侯老师白天在学校上课，下了课就到餐厅干活，继承发扬他在国外没有休息天的精神，埋头苦干，老板很是感动。与瑞士老板不同，这回德国老板很慷慨，有一天居然把当天的流水全给了侯老师，那可是三万多，一笔不小的收入。侯老师靠自己精湛的厨艺和勤奋，既拥有人民教师这个崇高的声誉，又在先富起来的道路上一路狂奔。

侯老师对待本职工作是极其认真的。职业学校的学生，有一部分是相当调皮甚至叛逆的，侯老师的方法是与学生们交朋友。他当班主任，公开跟学生说每个月的班主任补贴作为班费，交给生活委员，做班活动费用。他时不时地带学生去西餐厅吃饭，吃生蚝，那是二十个世纪九十年代，那时的学生哪见过这个啊？再调皮叛逆的孩子也会喜欢上侯老师。教学中，他采用的是激励法，发现学生的优点就及时鼓励表扬，这让那些原本总是受父母老师批评、不爱学习的学生很快就树立起自尊心，读书不行，但学厨可以，照样可以书写精彩的人生。那些家长和老师眼里的熊孩子，经过侯老师的调教，很快有了质的蜕变。国外工作和学习的海归经历，在门面上就把学生拿捏得死死的；丰富的实践经验，不论讲什么食材和烹饪，侯老师都滔滔不绝。学生眼里的侯老师，不仅仅是一座高山，还是一座如父亲、如兄长般的靠山，这样的老师，如何不教人喜欢？如今已是37年教龄，上过两万多节课，教过8000多名学生的侯老师，在教师这个岗位上名誉极高，获过第五届黄炎培全国杰出教

师、全国说课一等奖、北京市职教名师、学术学科带头人，北京市骨干教师等荣誉，还给大约190位学生当过证婚人，足见侯老师在学生心目中崇高且亲密的地位。

侯老师是真的喜欢教书育人这项工作，他不仅仅认真教学，还因为业务能力强、政治上可靠，被推荐给部队做西餐培训。有一次，某部接待美国军队要员，侯老师作为外援参与了晚宴的筹备工作，指导部队炊事员一起出色地完成了接待工作。领导甚是满意，为此特意设宴答谢侯老师，还拿出了厚厚的一沓人民币作为酬劳。侯老师很是认真地说，作为二十世纪六十年代生的人，他从小就有当兵的情结，如今能为部队服务，实现了年轻时的梦想，怎么能拿钱？说完豪情万丈的这番话，侯老师又豪气冲天地拿起了满满一大杯酒与首长干杯。部队首长很是感动，连连称赞侯老师是德艺双馨，并很快就给学校送来一封表扬信。部队来的人找到侯老师，还是带着厚厚的一沓人民币，这笔钱已经作为侯老师的报酬在部队报销支出了。侯老师不拿似乎也不合适，那就不客气了，德艺双馨的侯老师，这回可是名利双收！

侯老师当然不是不吃人间烟火的，作为中国烹饪协会三十年功勋人物、“首都劳动奖章”获得者、人力资源和社会保障部专家委员会秘书长、国家职业技能鉴定国家题库出题人、人力资源和社会保障部社部《国家职业标准》评审专家组组长、中国烹饪协会西餐专业委员会副秘书长、中国烹饪协会世界厨师联合会青年委员会副主席、云南省餐饮美食协会名誉会长、中国商业技师协会餐饮分会副主席，光环不可谓不耀眼，又有着曾远赴美国、瑞士、英国、奥地利、意大利、德国、法国、日本等国家学习、交流，并有在澳大利亚、美国、英国、瑞士等国家的工作经历，经验不可谓不丰富。他还获得过北京市职业教师职业技能大赛金奖 、美国使馆农业处阿拉斯加水产大赛金奖，胜任一家米其林、黑珍珠级的西餐行政总厨当然没问题，但当厨师长不是侯老师的目标，培养出厨师长才是侯老师的兴趣所在。况且侯老师向来也不缺赚钱的途径，给一些超市、肉品公司、餐饮企业做顾问，就可以让侯老师过上幸福生活。再说了，侯老师也似乎没什么机会花钱，虽然也抽烟喝茶，但朋友们学生们送的已经基本够用，外出吃饭也没什么机会买单。很多餐厅邀请侯老师去吃饭，侯老师总以“您这买卖不容易，都是一碟一碟炒出来的，别”予以婉拒。最近一次带着家人静悄悄出去一家

没有自己学生的店吃饭，侯太太去买单的时候被告知，单已经被厨师长买了。原来厨师长虽然不是侯老师的学生，但却是屈浩的学生。侯老师与屈浩是好兄弟，这是师叔辈，享受师父待遇。侯老师虽然觉得蛮不好意思的，但被老婆夸为“经济适用男”，心里还是美滋滋的。

2022年，国内顶流美食榜单“黑珍珠”邀请侯老师加入了理事会行列，为这份榜单特别是在西餐餐厅的评定方面增加了权威性和专业性。当上了黑珍珠的理事，希望接近侯老师的人自然多了起来，侯老师的忠告是：别Care米其林、黑珍珠，赚钱才是硬道理，先把自己餐厅弄好，赚到钱了，再往精致里去努力，自己做好了，这些榜单自然会找上门来。这种自断自己财路的大实话，彰显了侯老师的为人方正，深知餐厅经营不易的他，不会利用职务之便去骗吃骗喝。

现在的侯老师，当然不需要再去炒更了，他也忙不过来，各类上档次的烹饪大赛都请他做评委。他做过中国烹饪协会第五、六、七、八届全国烹饪大赛评委，第八届全国烹饪大赛副总监理长，是世界厨师联合会“WACS”注册B级裁判、国家一级评委、A级裁判，2013—2019“中国烹饪协会中餐世界锦标赛”评委，2012—2016“FHC中国国际烹饪艺术大赛”评委，“2017年中国技能大赛”总决赛评委，“2008年法国博古斯大赛”中国区总决赛评委。在烹饪大赛评委这个赛道上，侯老师当仁不让也成为大拿，2013-2021连续九年任《Global Gourmet》杂志“卓越大厨”裁判长，“北京市第五届技能大赛”西餐烹饪裁判长，“北京市商业服务业技能大赛”西式烹调师项目裁判长，“全国第一届技能大赛”河南赛区、北京赛区总裁判长。一句话，现在请侯老师当裁判员不合适，要请就得是裁判长！

侯老师是“2020IKA奥林匹克大赛”中国烹饪国家队教练，参与指导中国烹饪国家队出赛，在这届比赛上，中国烹饪国家队的成绩有了突破。参加世界大赛、做裁判做得多了，侯老师也清楚我们与世界烹饪的距离，他总是提醒我们保持清醒的头脑：我们国人解决温饱的时间并不久，对美食的认知也还有待提高，“革命尚未成功，同志仍需努力”这句话，同样适用于美食界。

口才极佳，口头表达能力极强的侯老师，说起话来总是那么贴心。到北京，我喜欢找侯老师聊聊天，那相当于听了一回马三立先生说单口相声，如果刚好碰上兰明路大师，那就相当于去了一趟德云社。当然了，兰明路大师只能当捧哏，我就坐在旁边只听不说，那是相当愉悦的。愿侯老师永葆这种愉快的心情，毕竟，中国美食的进步，还需要人民教师侯德成继续出力。

后记

——鲜为人知的美食圈

因为好吃，所以对美食有兴趣，于是有空时琢磨起美食，写了一些文字，与美食圈也就慢慢熟络了起来。

别看现在朋友圈里大家都在说美食，其实了解美食圈里的人并不多，美食圈给人的印象就是天天吃吃吃。美食圈的主题当然是吃，但这群天天与吃打交道的人，他们是怎么理解吃的？他们是如何经营吃的？除了吃之外，他们的日常又是什么呢？

美食圈里主要有三种人，厨师、经营者和美食圈，他们共同营造了美食的生态链。作为美食的创造者，如果他们没有思想，就不可能创造出可以打动我们的美食；如果他们不够勤奋，就不可能成为一个成功者；如果他们没有个人魅力，他们也就不可能为人津津乐道。记录这些为美食辛勤付出的灵魂，可以让我们更深刻地理解美食，也可以更全面地了解这个时代。

一开始，我并没有系统地写这个群体的想法，只是出于“好玩”，写了陈立老师、我的美食师傅闫涛、我的偶像蔡昊，发在我的公众号“辉尝好吃”上，没想到好评如潮，大家纷纷表示喜欢，于是就慢慢地一个一个写。花城出版社通过周松芳博士联系我，希望能够获得此书的出版权，而且不管三七二十一就扔来一份出版合同，这让我鼓起了干劲，经过一年的努力，总共写了二十八位我熟悉的美食圈人物，于是结集出版，就是大家看到的这本书。

一开始写美食人物，宗旨就是“好玩”。我不熟悉的，不写，想写也写不出来；歌功颂德的，那还没到时候，况且又不是写先进事迹。出现在这里的美食妙人，都有“妙”的一面，个个有个性，我特别希望能把他们不为人知的一面挖出来，展现给大家，这样才接近真实，可惜由于了解有限，水平有限，只能挖出这么多，大家将就着看就是。

需要指出的是，书中出现的人物，只是他们的某一方面，并不是他们的全部，我以我理解的视角去看他们，也许失之偏颇，不过，我已尽量做到客观。如果某位人物自己感觉没把他伟大、光荣、正确的一面写完整，欢迎私聊，修正或续写的机会还是有的，因为这本书不会是我写美食圈人物的封笔之作。

其实想写的人还有很多，有些是因为敬畏，暂时不敢写；有些是还不够了解，尤其是“黑材料”掌握得不够多，还写不出来。在这里也告诉美食圈的朋友们，你们在我面前的形象，有可能某天就被记录了下来，小心了。

本书的配图，由美食摄影家何文安老师提供，他对这些人都了解，拍出了他们的神韵。本书书签题字，出自“摄影界书法最美的段子手，漫画界文笔最好的美食家”小林老师林帝浣之手，他的字充满喜庆，一看就开心。在这里向二位各鞠一躬，以表感谢！

希望您喜欢。